原地区建筑遗产保护传承与活化利用研究

宋文佳 著

郑州大学出版社

图书在版编目(CIP)数据

中原地区建筑遗产保护传承与活化利用研究／宋文
佳著. -- 郑州：郑州大学出版社，2025. 7. -- ISBN
978-7-5773-1135-7

Ⅰ. TU-87

中国国家版本馆 CIP 数据核字第 2025RD3098 号

中原地区建筑遗产保护传承与活化利用研究
ZHONGYUAN DIQU JIANZHU YICHAN BAOHU CHUANCHENG YU HUOHUA LIYONG YANJIU

策划编辑	刘永静	封面设计	苏永生
责任编辑	袁晨晨	版式设计	苏永生
责任校对	刘永静	责任监制	朱亚君

出版发行	郑州大学出版社	地　　址	河南省郑州市高新技术开发区
经　　销	全国新华书店		长椿路 11 号 (450001)
发行电话	0371-66966070	网　　址	http://www.zzup.cn
印　　刷	郑州宁昌印务有限公司		
开　　本	787 mm×1 092 mm　1／16		
印　　张	10.25	字　　数	249 千字
版　　次	2025 年 7 月第 1 版	印　　次	2025 年 7 月第 1 次印刷

书　　号	ISBN 978-7-5773-1135-7	定　　价	45.00 元

绪　言

近年来,随着我国综合国力的稳步提升,中华文化的影响力也日渐高涨。习近平总书记在党的二十大报告中明确指出:"中华优秀传统文化源远流长、博大精深,是中华文明的智慧结晶。"《河南省国民经济和社会发展第十四个五年规划和二〇三五年远景目标纲要》中也提出:"将文化资源优势转化为发展优势,为人民美好生活提供丰润文化滋养。"建筑作为石头的史书,凝结着人类文明的记忆,是举世公认的文化载体。以河南为中心的中原地区是华夏文明的发源地,古今各类建筑遍布其间,时刻述说着这片热土历久弥新的文明过往。长久以来建筑学科的体系建构大多遵循西方,而中国传统建筑学的框架构成则因地域、流派、朝代等因素的限制而各成体系。如中国北方传统建筑的营造学说多以《营造法式》《工程做法则例》等历代官方典籍为主流,多以抬梁式一言以蔽之;而南方由于气候潮湿多雨,诞生了以香山帮为代表、以《营造法原》为主要源流的匠作规范,常以穿斗式为关键词。

当代建筑学经典理论建构大多基于古今中外具有典范意义的典型案例,尽管我国各地的气候风土差异显著,但由此造就的具有鲜明地域特色的建筑却相对罕见。故本书将视野定位于以河南为中心的中原地区,视角聚焦于中原大地上各类建筑实体,综合运用多种研究方法和手段,力求将笔者对中原建筑的理论研究融入当代建筑学的框架当中。

建筑作为凝固的史书,是文化最恒久的载体。中原建筑发轫久远,绵亘悠长,文化内涵深厚。本书虽关注中原建筑本体之实,但意在其所载文化之虚。审视中原文化与建筑学之间的内在统一,探寻其与中国式现代化文化发展与传播契合之道,为中原文化能够借建筑之名走向世界抛砖引玉。

本书虽经作者认真审读、斟酌,但由于时间有限,书中不足之处再所难免,请读者批评指正。

著　者

2024 年 12 月

目 录

1

绪论

1.1 研究背景

建筑作为凝固的史书,是文化最恒久的载体。中原建筑发轫久远,绵亘悠长,文化内涵深厚。本书虽关注中原建筑本体之实,但意在其所载文化之虚。以文化为基点审视中原建筑遗产,探寻其与中国式现代化文化发展与传播契合之道,为中原文化能够借建筑之名而走向世界抛砖引玉。

当代建筑学经典理论建构大多基于古今中外具有典范意义的典型案例,尽管我国各地的气候风土差异显著,但由此造就的具有鲜明地域特色的建筑却相对罕见。故本书将视野定位于以河南为中心的中原地区,视角聚焦于中原大地上各类建筑实体,综合运用多种研究方法和手段,力求将笔者对中原建筑的理论研究融入当代建筑学的框架当中。

将中原地区从古至今历朝历代的营造工事以建筑学的学科视角加以抽丝剥茧、去伪存真,并在此基础上进行体系化的总结提炼,以期将之形成一门冠以"中原"这一典型地域特征的建筑学说,正是本书发轫之初心。

1.2 研究现状

中国古代,民众的社会地位根据其所从事职业的不同,遵循"士农工商"的顺序由高到低排列,从事大量营造活动的工匠所处社会地位相对较低,其群体劳作虽创造出了大量令后世叹为观止的建筑佳作,但由于甚少用文字记录,鲜能将营造活动著书立传形成系统化的、可流传后世的学说,使各方工匠手艺传承大多只靠口传身授,进而形成各地建筑风格一脉相承,极具地方特色的现象。而以河南为代表的中原建筑,从古至今绵延万年,营造手法、材料构造等诸多方面均独树一帜。有学者持镜观之,若有所获。杜启明的《中原建筑大典 古代建筑 Ancient architecture》是一部研究中原古代建筑的力作,从考古学和营造法的视角对中原地区的古代建筑进行了全面细致的梳理和阐释。邬学德等所著的《河南古代建筑史》从历史学的视角对河南地域的古代建筑进行了较为详细的划分。郑东军的博士论文《中原文化与河南地域建筑研究》以历史演进为线索梳理了河南地域建筑文化关联之道等。诸多研究成果着重于中原建筑的系统化理论梳理,而聚焦于中原建筑遗产研究的保护传承与活化利用层面的成果较少。

1.3 研究内容

本书从中原文化的概念辨析入手,以传统营造技艺、材料学、建筑学、类型学和符号学等研究视角选取中原地区现存各类型古代建筑的典型案例进行剖析,其间尝试运用当代建筑学理论的主要源流对上述案例进行代入式总结,试图建立起中原文化与中原传统建筑营造思想的链接,从中萃取出具有浓郁中原特色的本土建筑理论模型。

1.4 研究方法

1.4.1 文献研究法

首先通过查阅相关文献,对中原、文化、建筑、营造、理论等本书重点涉及的概念进行系统性的梳理,在此基础上对其进行基于本书视角下的概念界定,并由此引出本书研究的目标和方向。其次,通过搜索查阅与本书相关的各类文献,了解研究现状,目前有哪些相关研究成果,存在哪些不足,有哪些可资借鉴的研究成果和方法,为后续研究提供参考。再次,通过搜集查阅目前河南省内各类现存较为典型的文物建筑的基本情况,确定现场调查的调研对象,并通过各种媒介广泛搜集与之相关的研究成果及文献介绍,为后续研究工作的开展提供基础材料。最后,对所有搜集到的资料进行初步筛选、分类和整理,依据研究大纲摘录所有相关文字及图片信息,为后续研究工作的开展奠定坚实基础。

1.4.2 调查分析法

依据工作清单对选定的河南地区现存的典型文物建筑进行现场踏勘,以问卷或表格的形式寻访当地文物保护管理部门及相关知情人,以文字记录、照片拍摄和访谈录音等途径获取一手基础材料,为后续研究工作的案例分析部分提供资料支持。此外,对个别现状保存良好且具有一定代表性的文物建筑进行实地本体及其赋存环境的技术性测绘,获取文物建筑本体营造技艺及赋存环境的基础数据,为后续开展类比研究和模式归纳提供数据库支撑。

1.4.3 描述性研究与综合分析研究相结合

在对搜集到的文献和现场调研阶段所获取的各类资料和数据进行整理、归纳、分析的基础上,分别选取我省各类典型文物建筑作为研究案例,分别运用古代匠师在从事营造活动时的思想过程和当代建筑学的理论从规划选址、场地设计、群体组合、单体设计、营造技艺、装修装饰等不同维度对其进行深入剖析,综合运用描述性研究和综合分析研究的方法开展具体的研究工作,将上述研究所获与中原文化的类型和体系建立联系,从中萃取和总结出基于中原文化背景下的本土建筑学科理论雏形,并将其与当地中原地区建筑设计及建造活动的主流趋势进行类比,尝试以方法论的视角建构出一套具有可操作性的基于中原建筑遗产传播为潜在主观意愿的当代中原本土建筑设计理念和方法工具集,助力中原建筑文化的发扬光大和永续传承。

1.5 研究思路与框架

1.5.1 研究思路

本书首先介绍了研究背景,梳理了研究现状,确定了研究目标和框架;接着从相关概念入手,通过对"中原"概念历史演变的阐释,深入剖析中原文化的内涵及其价值观。其次通过现存建筑实物传承演变、材料做法、意境营造等层面的归纳总结,尝试建构中原建筑遗产的研究理论基础。再次分别从类型、分布、地域、构造和风格等方面对中原建筑遗产的具体特征展开详细探讨,初步框定其研究基本范畴。在此基础上尝试从"器"与"道"两个层面系统建构中原建筑遗产的学科体系。最后将研究成果与经典建筑学中的狭义概念与广义概念相比较,探寻融合路径,并将中原建筑遗产的文化内涵与中华文明传播相关联,探索其丰富中原文化内涵、增强文化自信、助力华夏文明传播的可行之道。具体研究内容及过程可表述为"四定":①定位:地理学层面的中原建筑遗产分布特征及赋存状态(位置+形态+结构);②定理:类型学层面的中原建筑遗产营造技艺分析(设计与建造);③定性:多学科视角下的中原建筑遗产理论基础及研究体系架构(比较与总结);④定势:狭义和广义建筑学视角下的中原建筑遗产文化提炼与展望(萃取与升华)。

1.5.2　研究框架

本书研究框架见图 1.1。

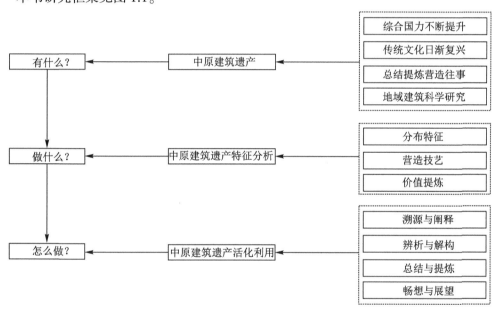

图 1.1　研究框架

2

中原与中原文化概述

2.1 概念滥觞

2.1.1 中原

"中原"一词在现代汉语中广为传诵。但究竟何谓中原,了然于心者凤毛麟角,为后文研究之便,需先述说一二。

由字揣词,小中见大,"中原"一词由"中"与"原"二字组构而成。"中"字本义为氏族社会的一种徽帜,甲骨文常见"立中,亡风"的词句,意指竖立"中"这种带旒(音:liú;义:古代旗子上的飘带)之旗,来测定风向。可见中实乃立锥中央、八方汇聚,夺定要害之地。"原"之初意指水流之源头,即水源,后渐引申为事物的开始。《尚书·盘庚上》曰:"若火之燎于原,不可向迩,其犹可扑灭?"由此可见,"原"字在古代也有平原的含义,即广阔的平地。将此二字之义合二为一,可初悉"中原"一词的构成含义为"中央的原野"。

中原一词,最早出现于《诗经》,意为原野之中。该含义并未对其确切的地理方位给出界定。而首次明确给出"中原"地理方位的文献典籍是《尚书·禹贡》。该书将天下分为"九州",豫州位居九州之中,故被称作中州,又名"中原"。此论历经数载淳化至今,已然深入人心,如今以常人之视角审视"中原",心中所现场景关乎"豫"者十之八九,由此便形成了"中原"这一概念的社会认知。《汉语大词典》中对"中原"一词的解释为:广义指整个黄河流域,狭义指今河南一带。

2.1.2 文化

"文化"一词以极高的频率广泛应用于社会的方方面面,其概念的界定亦时常被人们"熟视无睹"。《易经》贲卦象传云:"刚柔交错,天文也。文明以止,人文也。观乎天文,以察时变。观乎人文,以化成天下。"此应为"文化"一词在汉语中的源头(图2.1)。关于文化概念的阐释甚多,但往往都无法窥得其全貌。从哲学角度看,认为"文化"从本质上讲是哲学思想的表现形式。考古学上的"文化"指的是同一历史时期的遗迹、遗物的综合体。而从建筑学层面来阐释"文化",则指的是人类社会历史实践过程中所创造的建筑物质财富和建

图2.1 易经第22卦——贲卦

筑精神财富的总和,具有空间性和时间性相统一的特点。其中物质财富主要是指建筑的物质载体本身,它是建筑空间性特征的主要体现;而精神财富则是指建筑所蕴含和昭示的精神、象征和内涵,具有独特性、空间性、场所感、历时性、共时性和可传播性,是建筑时间性特征和深层次文化的存在形式。

2.1.3 建筑

严格来讲,"建筑"一词应该属于舶来品,这一概念在我国古代并不存在,在中华传统文化之中,与其最为接近的概念当属"营造",泛指各类房屋、桥梁、道路等营造工事的具体开展过程,全面包含了当代所谓的设计、施工及监理等不同层次的具体工作内容。现代学科背景下的"建筑"包含了两层含义,即广义的建筑和狭义的建筑。狭义的建筑包含了人们用泥土、砖、瓦、石材、木材(近代用钢筋混凝土、型材)等建筑材料构成的一种供人居住和使用的空间,如住宅、桥梁、厂房、体育馆、窑洞、水塔、寺庙等。而广义的建筑除了上述内容之外还包括建筑周边的景观和园林等室外环境。本书所论及之建筑重在关注其狭义解释,也会根据研究之需部分涉及其广义阐释。

2.2 中原文化概述

2.2.1 "文化"之于"中原"

如前所述,狭义的中原泛指今河南省一带,由此,中原文化即可被认为是以河南为中心的区域内经由历史的积淀逐渐产生并发展起来的、具有典型地域特色的物质和精神财富的集合。河南地区久远悠长的历史造就了中原文化包罗万象、含义深远的特质,既包括物质领域的文化遗存,如数量众多的可移动及不可移动文物,也包括精神生产能力和精神产品,如自然科学、技术科学、社会意识形态等。

无论是"盘古开天""女娲造人""三皇五帝"等神话传说,还是以裴李岗、仰韶等为代表的史前考古学文化,最初均发现于河南。从夏代至清代,古代社会发展史在河南亦有着浓墨重彩的演绎,这些无不体现出中原文化的源远流长。甲骨文、河图、洛书、周易这一系列在中华文明发展史上震古烁今的思想、学说、名宿、发明、理论等,无不体现出以河南为中心的中原地区对宇宙、社会、人生的独特发现,极大地影响了中国人的民族性格和民族文化心理,在中国历史乃至世界历史上占据着举足轻重的地位,无不体现出中原文化的博大精深和丰富内涵。

以河南为中心的中原地区由于地势平坦、土地肥沃,自古以来便是以农耕文明为主的朝代争夺的主要对象,正所谓"得中原者得天下"。也正因为如此,中原地区自古以来便战乱频发,经济贸易不断,天下英才汇聚,中原文化不断吸纳其中多种文化中的优秀成分,实现了物质文化、制度文化和思想观念的全面融合与不断醇化、升华,间接导致了中原文化在历史发展的过程中逐渐演变出兼容并蓄、自由开放、有容乃大的特点。

中原文化在与其他文化不断融合的过程中,自身的外延与内涵也在不断扩大与充实,由此催生出了部分能够代表中华文化核心思想内涵的价值观,如"天人合一""天下大同""致中和""阴阳平衡""礼义廉耻""仁爱忠信"等。正是这些闪耀着人类智慧光芒的思想提供了源源不竭的精神动力,才使得中原文化能够生生不息,愈发历久弥新,并被广泛传播和发扬光大,在人类文化殿堂中独树一帜、熠熠生辉。

2.2.2 "建筑"之于"中原"

很早就有先民在中原大地活动,他们围捕狩猎、采桑务农,在这片沃土上不断繁衍生息。衣食住行是人类生存永远绕不开的话题,在生产力极度低下的远古时代,先民们只有先解决了定居问题,才能真正地发展农业,由此,"住所"似乎成了能够更好生存下去的"第一要务",于是乎,"营造"出场了。据相关研究考证,中原地区远古时期先民的营造活动与环境密不可分,因中原地区多为平原,先民们就地取材,开创出"穴居"这一最早的住所形式。所谓"穴居",即"营窟而居",中原地区因大多无天然山洞,故其穴居主要为地穴式,即在平地下挖出洞穴,上覆草甸,用于栖身。先民们发现如果将地面下挖的深度逐渐变浅,上部的草甸变为由木柱支撑的伞状结构,会更利于生活起居和防潮防虫,全地穴式便被废弃进而演变为半地穴式居所(半穴居)。而后随着居所顶部材料制作工艺的不断提高,穴居彻底退出历史舞台,由地上式的房屋所替代。郑州大河村遗址发现的"木骨整塑"房屋,距今5000余年,依然屹立于地面,最高处1米有余,是中原建筑史上的不朽丰碑。至此,中原地区远古先民关于"住"的问题产生了质的突变,为后世营造技术发展开启了全新的篇章(图2.2)。

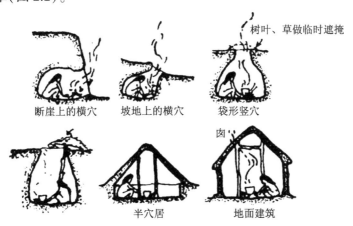

图2.2　穴居至地面建筑演化示意图
(来源:刘敦桢.中国古代建筑史[M].北京:中国建筑工业出版社,1984)

木作、瓦作、石作、彩画作、搭材作、铜铁作等中国古代匠人群体中不同工种之间的相互配合营造出了中原地区宫室、衙署、祠堂、庙宇、仓廪、会馆、民居、桥梁、古塔、牌坊、村落、城市等多种多样的营造工事,即我们现代所谓的"建筑"。它们实可谓是匠心独运的营造传承,其中不乏保存至今的经典之作,使得我们能够窥探古代匠师的营造技艺及心路历程,也为我们从中原文化的视角审视和重构当代中原建筑遗产的理论基础提供了正名之机。

2.2.3 "文化"之于"建筑"

建筑作为人类之于自然最伟大的创造之一,蕴含着人们思想和智慧的结晶,是技术与艺术的结合体,是举世公认的文化的典型载体。人们对于房屋的营造最初仅仅是出于生活栖身的需要,随着营造过程中对技术的不断打磨提升,加之人们审美艺术和对客观世界认知水平的不断提升,人们逐渐开始在房屋的营造活动中加入些许艺术元素,使得房屋在满足栖身之需的基础上能够更加宜居、美观,这时房屋便以工事与艺术的结合体形式初登文化的殿堂了。随着生产力水平的进一步发展,人们利用自然、改造自然的能力得到大幅提升,使得单体营造工事的类型、群体组合、与环境的融合等方面逐步融入了堪舆风水、象、数、理等能够体现人们价值观和以趋吉避凶、福寿延年、心想事成等愿望为主要文化希冀的元素和营造手法,使得建筑与文化完美契合并浑然天成。至此,中国传统建筑便成了技术、艺术与文化的高度统一体。

3

中原建筑遗产研究的理论基础

3.1 营造学视阈下"大壮"传承演变的"术"与"技"

3.1.1 营造学释义

营造作为一项人类事务,从人类诞生以来就已经如影随形了。但以技术旁观的视角重新审视营造活动,对其进行系统总结并上升为一门学问或规范,宋代将作监李诫所撰的《营造法式》一书实乃开山之作。此前的《考工记》等古代文献虽有部分关于营造活动的论述,但大多都不成系统,实不足以学问言之。至近代,朱启钤先生创办的"中国营造学社"汇聚了梁思成、林徽因、刘敦桢等一大批学者,他们以研究中国传统营造学为主要任务和目标,历时数载对当时中国大地上留存的数以百计的各类优秀传统建筑遗存进行了全面的调查、勘测及研究绘图等工作,并以此为基础编著出版了国内最早几个版本的《中国古代建筑史》,以及《为什么研究中国建筑》《中国营造学社汇刊》等众多在中国传统建筑研究领域位处开山之作的学术专著,正式开启了营造学的研究大门,为后学于中国传统营造之道砥砺奋进奠定了坚实的基础,至此,营造学才作为一门学说初登大雅之堂。

营造一词,包含了"营"与"造"两方面的含义。"营"的字义解释有多种,与"营造"的语义背景较为接近的含义为"谋求",颇似当代建筑建造活动中的前期设计工作,可理解为工程的前期准备工作,包含立项、选址、设计、预算、工匠选用等方面的内容。"造"的含义同建造,更类似当今建设活动中的具体施工阶段,即在"营"的基础上"谋定而后动"。综上,若以学科之制试析"营造",权且论之为:研究屋宇等诸工事之众多预先准备事宜及其具体建造工艺技术与施工管理之学。

3.1.2 中原地区"大壮"传承演变的"术"与"技"

《周易·系辞下》曰:"上古穴居而野处,后世圣人易之以宫室,上栋下宇,以待风雨,盖取诸大壮。""大壮"为《易经》第34卦,卦象为上震下天(乾)。震为雷,天为盖(古人认为天形似圆盖),其卦象为上有雷雨,下有挡雨之圆盖,意为创建宫室以避风雨,取象于"大壮",后世引为建筑宫室之典。故而在中国传统文化中有用"大壮"指代"屋宇"一说,在中国古代,"大壮"即所谓的"建筑"代名词。

中原地区因以地势平坦的黄土地貌为主,其古代的屋宇营造自夏商以来多采用土木结构体系,秦汉以前因营造技术不甚发达,宫殿等较高等级的房屋多垒土筑台,修葺房屋于台上,以示威严,而民居等较低等级的房屋则多用夯土或土坯砌筑木骨泥墙承托草顶,较为简陋。自汉以后,随着木构营造技术的不断发展,屋宇的结构形式和材料的选用逐渐由以土为主向以木为骨架起承托支撑荷载的作用,以夯土或土坯甚至木板作围护结构的方向转变,这种结构形式至唐宋已臻成熟,并被《营造法式》以"柱梁作"之称谓(明清称为"抬梁式")定型下来并被后世进一步改进发展,典型案例如河南登封少林寺的初祖庵大殿(图3.1),其纵剖面图如图3.2所示。其结构形式可谓完美诠释了《营造法式》中厅堂造柱梁作屋宇的构架特征。至明清时期,随着砖这一材料的广泛使用,又发展出无梁殿等代替木构架承托屋面荷载的结构形式,而此时大式建筑的木构架已不再需要使用宋代殿堂造中的铺作层作为受力转换层,直接使用娴熟的榫卯技术便能将房屋巍然屹立于广袤的中原大地之上,其木构技术在此时达到了巅峰,典型案例如河南登封的中岳庙峻极殿等。得益于砖材料相较于土坯更高的力学性能、更好的防水防潮条件,明清时期的很多民居等小式建筑也已脱离土坯作为围护结构的制约,将砖和木这两种营造主材的力学性能充分发挥和巧妙组合,创造出更加丰富多彩的结构和材料完美统一的单体房屋形式。

图 3.1 初祖庵大殿一隅

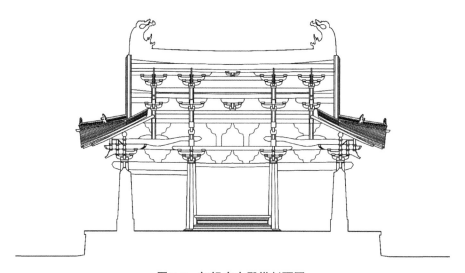

图 3.2 初祖庵大殿纵剖面图

可以说,广袤中原大地上的"大壮"营造史是一部"技"与"术"不断交叠、互相促进的发展史。起初是先民基于栖身的需求催生出营造的念想,从掘地起穴到垒土筑台,从木骨泥墙到雕梁画栋,从构木为巢到琼楼玉宇,这期间无数次的失败孕育出匠人们不可多得而又只能口传身授的经验,每一代匠人都在前人的基础上对这些经验进行更新和迭代,并不断加以总结提炼。通过实践磨炼技能,融合技能汇成经验。在这"技"与"术"千百年来持续的交织打磨下最终促成了《营造法式》的问世,终为"匠人"这一中国古代的"建筑师"职业正名、合道。

3.2　建筑学视阈下中原建筑遗产的时空含义与指向

建筑学作为一门学科,有着悠久的历史,发展至今积累了世界各国多个流派的不同学说,形成了相对健全的理论体系。总体而言,建筑学是研究建筑及其环境的学科,它横跨工程技术、人文艺术、经济社会等诸多领域,实乃人类之于自然作品当中的集大成者。所有建筑,自其建成之日起,即有着时间和空间不可分割的属性。在我国古代,对于时空的求索亦有着十分精彩的论述。战国末期的政治家尸佼说:"天地四方曰宇,往古来今曰宙。"可见,在中华传统文化的概念认知当中,"宇"指空间,"宙"指时间,"宇宙"就是时间和空间的统一。因此,有学者称存留至今以建筑为载体的各种人工建造物为"大地上的宇宙"。

以河南为中心的中原大地从古至今孕育出了许多光辉灿烂的文化,其中当以建筑最具代表性。以当代建筑学的理论视角观之,中原大地现存传统建筑的空间性主要表现在其群体组合、虚实对比、内外连通、材料选用、结构体系、环境塑造、装饰装修等方面;而时间性则主要体现在碑刻题记、故事传说、诗词歌赋、传世画作以及其所处环境的历史变迁中。现代建筑学理论体系基于建筑的时空基本属性立身,正是由于以河南为代表的中原地区深厚的历史文化底蕴和广袤的地理空间环境,才孕育出中原地区朴素而又适用的建筑时空观。

位于河南登封的嵩岳寺塔(图 3.3),始建于北魏正光年间(520—525 年),距今已有约 1500 年的历史。在当时的营造和材料制作技术都相对落后的情况下,依然克服万难建造这样一座能够流传后世、屹立千年之久的佛塔,可见先民伟大的创造力和对宗教虔诚的初心,实可谓是中原大地乃至世界建筑史上跨越时空的奇迹。

图 3.3　嵩岳寺塔(始建于北魏)

相较于宫殿、衙署和宗教建筑所用技术和材料之先进性,中原地区广泛存在的传统民居建筑则显得简陋得多,无论材料选用、营造技术,抑或是建筑体量和空间构成,均体现出"筑一时之需,无意万古流芳"的实用主义精神。完全基于当下朴素的居住需求而造房子,以实用为主要目标,同时兼顾舒适性和经济性。正是在这种目标的导引下,才造就了中原地区大多数民居建筑建造的质量相对较低,往往需要时常修缮方能长久使用。这种建筑类型以实用为主,不考虑流芳千古,空间性的特征远大于时间性。

陵墓的营造在我国古代亦属于建筑的范畴,中原地区的先人素有"事死如事生"的信仰,将人死后的世界视为永恒。故而不论是显赫一时的达官显贵还是普通人,对于陵墓的态度往往较为一致,即"以恒者事之"。例如往往会尽量采用砖、石等在当时产量低、难于加工又价格昂贵的材料,并使用拱券等先进营造技术,有些甚至还于墓体四壁及顶面施壁画描摹,极尽装饰之能事,同时于墓穴中填入诸多陪葬品。此种建筑类型则反映出古人追求永恒世界的时空观,它以陵墓建筑为载体,但所求之道已然超越了载体本身,更多升华为一种精神信仰。

3.3　中原建筑遗产载体的"表"与"里"

中原建筑遗产的载体一般可理解为其建筑实体本身,主要由建筑的主体承重结构和四周及顶部的围护结构两大类构成。本书之于建筑本体的"表"与"里"研究有两层含义:一为构成建筑实体空间各类型材料的表观要素和内在物理性能;二为各类型建筑实体的承重及围护构件所采取的不同组合搭接形式(外在表现)而构成的建筑内部空间特征(内在效用)。

中原地区现存古代建筑多为抬梁式木构架结构体系(图3.4)。其做法多采用木柱承托梁枋檩椽及屋面的荷载,四周以墙体或木质隔扇门窗围合,大木构件表面有时遍施彩绘,以凸显房屋主人的审美取向或身份地位。作为围护结构的墙体做法各异,外墙面多以清水砖墙为主,有些级别较高的建筑在外墙表面遍刷颜料(常见的有丹粉、白或米黄等色调),在山墙墀头部位还多施以砖雕,多以取义吉祥如意的图案或造型为主。内墙多用白灰抹面,营造出清洁明亮的室内空间。而小式做法则较为简单,主体结构体系常采用木构架和山墙共同承托上部荷载,以节省木料,缩短工期。木构架表面的处理亦较为简单,多以生桐油涂刷以防腐防虫,门窗亦多使用做法简单的板门及棂条框窗。外墙表面多为清水墙,部分民居还保留土坯墙的做法,外表刷黄泥浆饰面,内墙多用泼灰麦草泥饰面,虽然简陋但亦能满足起居需要。

中原地区的古代匠师们深谙材料的力学性能之道,能够采取恰当的组合搭接形式将不同力学性能材料的物理特性淋漓尽致地发挥出来,所营造出来的建筑给人以"表里不一"的视觉感受。如河南登封周边地区村庄里还保留部分用土坯砌筑的民居(图3.5),这些房屋不使用木柱,将梁头直接搁置在土坯墙上,梁上置瓜柱,瓜柱之上再置端梁,这样从下至上逐层内收承托屋面荷载,从外观来看,无论是土坯墙本身的质感还是将木梁直接架于土坯墙上的做法都给人一种不坚固的感觉,但这种做法的巧妙之处是隐藏在材料之"里"的,即梁头并非直接搁置在土坯墙上,而是于梁头两端下部放置一块垫木,用于将梁头的集中荷载分散为均布荷载,减少梁头着力点对于土坯墙的剪切应力。而整座建筑并非真的全由土坯承重,而是于墙体四角置截面较小的砖柱,于其内外皮各施一皮土坯砖,最后再用黄泥浆整刷外墙表面,给人营造出一种整座建筑的墙体全由土坯砌筑之感。这样既节约了用砖量,减少了工程造价,还能满足承重需求,而且土坯内部因孔隙率较高,具有比青砖更好的热工性能,以之做围护结构能够使得建筑内部空间冬暖夏凉,提高宜居性,实可谓是一举多得的创举。

图 3.4　抬梁式木构架

图 3.5　登封地区土坯墙承重的民居

以河南为中心的中原地区，其建筑营造遵循实用至上的原则，因地制宜，因材施用，既有表里如一的营造传承，又能洞悉用材之道，敢于打破传统，勇于创新，反映出中原建筑遗产在数千年来不断传承过程中的发展演变特质与文脉。

3.4 中原建筑遗产空间的"内"与"外"

空间是现代建筑学的标签，更是其理论体系的基础。中原建筑遗产虽然与当代建筑学体系存有较大差异，但作为建筑而言，空间性始终是其绕不开的话题。

自从有了建筑，空间便有了内外之分。中原地区传统建筑的群体组合乃至单体营造与我国北方地区均较为相似，往往采用中轴对称的合院式布局和抬梁式的单体结构体系，屋顶形式也无外乎庑殿、歇山、悬山、硬山、攒尖等几种基本型或勾连搭等组合型。由此，空间的"内"与"外"便有了两层递进的含义。首先是房屋的内与外，其次是院落的内与外，房屋之"外"可能是院落之"内"（图3.6）。即便是一座单体建筑，其"内"与"外"的划分也不一定是非黑即白那么简单，还与房屋自身的建筑平面布局有着一定关联。假若这座房子带有廊子，则廊下的空间既能被认为是室内空间，也能够被看作是室外空间，这就与现代建筑理论体系中常常谈到的灰空间颇为相似了。它是连通室内外空间的媒介，是空间流动的基础，正是因为有了廊下灰空间的存在，才使得建筑这一人工环境与外界的自然环境之间有了一定的缓冲与过渡，为人们的使用场景提供更多可能。

如果说单体建筑的内与外更多强调的是物理层面人工与自然的分界线，是"房之内外"，那么对于由建筑围合而成的庭院整体而言，其内与外则更多关注于社会心理的范畴，即"家之内外"。中原文化向来重视家族文化的传承和塑造，住所特别是庭院式的住所，作为家这一社会最基层细胞的物质载体，更是所有家庭成员关注的焦点，因此对其的营造更会不遗余力。中原地

图3.6　桧阳书院院落纵剖面图（新密市）

区的大家族往往以合院式为基本布局单元，围绕一个主轴线，在横向和竖向两个维度渐次展开，最终形成重重相连的整片合院式建筑群，庭院深深。这样一个大家族聚族而居，把更多的室外空间变为家内空间，既能满足大家对于私密性的要求，又能兼顾家庭成员之间时常交流活动的需要，实可谓是理想的空间组构模式，最为典型的如河南巩义的康百万庄园、登封的袁毅故居（图3.7，登封市第一次党代会旧址）等建筑群。但大多数老百姓囿于经济条件，其建筑布局多采用一合院（一座正房，周围三面围墙环绕，入口墙上辟门，其余以此类推）、两合院、三合院的组合形式，其所能容纳的家内空间相对较小，几代家庭成员难以在一个大家内聚居，只能各自在较近的距离内分散自居，这样久而久之就形成了以亲情为主线的村落社会关系纽带，成语"乡里乡亲"即源于此。

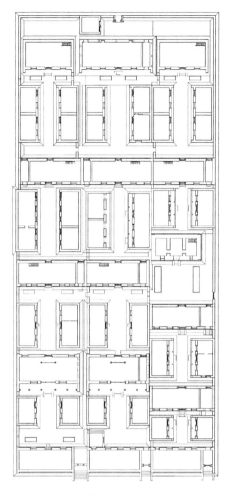

图 3.7 袁毅故居总平面图(登封市)

在建筑建成之初,中原建筑遗产空间的"内"与"外"仅仅是简单的物理空间基于营造实体的划分,随着居住等功能的引入,这种划分便加入了社会关系的色彩,文化的成分也由此开始生长,并反映和反作用于由建筑相对位置关系所形成的空间布局之中,历经时间的醇化不断发酵,并在特定的时空中锚定成型,"大壮"便由此开始"适形"。

3.5 中原建筑遗产意境的"实"与"虚"

"埏埴以为器,当其无,有器之用。凿户牖以为室,当其无,有室之用。故有之以为利,无之以为用。"这是老子所著《道德经》里面一段关于空间的表述,被国内外众多学者奉为经典,广为引用和传颂。从虚实的角度来看,空间为虚空,物质为实体,故此番言论虽着有无之辩,亦示虚实之分。

河南地区大多数类型的传统建筑的平面形式为面阔较长、进深较短的矩形,这种平面布局形式的成因主要与其广泛采用的木构抬梁式结构形式相关,因建筑的开间尺寸和数量往往都要大于进深,且抬梁式木构架多于房屋进深方向在前后檐柱或金柱柱头上安置一榀梁架,木构架的跨度受制于木材自身的抗弯性能,无法过大,而开间数从理论上而言则可以根据需要向两侧无限延伸,由此就导致了单体建筑的平面布局多为面阔较长而进深较短的矩形,而这一沿开间方向的整体矩形平面却是由一个个沿进深方向长度相同(进深相等)、宽度各异(开间不等)的基本矩形单元——"间"所组成(图3.8),可谓是屋宇布局的基本范式。"间"的宽度和高度则取决于室内空间的需求,而这需求则可大体上分为实际使用需求和空间象征性需求两大类。如普通民居对于间的大小主要依据实际功能和使用需求确定,而一些宫殿、衙署、寺庙的主体建筑对于间尺寸的厘定却因需要彰显权威和神性而采用远超出实际物理层面使用需求的规模。

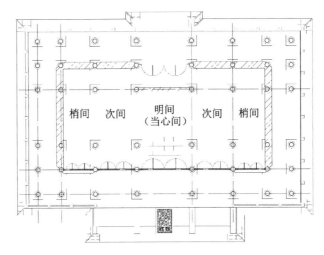

图3.8 中原传统建筑以"间"为单位的平面组织形式

中原地区的传统建筑群体组合多采用我国北方地区常用的合院式布局手法。自古以来,以河南为中心的中原地区就被认为是天下之中,正因为如此,"尚中"的思想历经数千年的发展演化已经渗透到中原文化的方方面面,成为纯正中原文化的内在基因之一。中原建筑遗产作为中原文明的载体、文化的符号,几千年来,"择中"的思想在营造工事当中可谓随处可见。中原地区的传统建筑在群体组合时往往以一条贯穿的中轴线为中心,重要的建筑居于主轴线上,两侧采用对称的方式布置各单体建筑。当一条轴线所形成的院落不足以满足所有的功能性空间时,先民们采取在与中轴线平行的两侧辅以次要轴线的方式渐次布设其他建筑,最终形成多进、多路的院落组合,以纵横道路彼此分隔,各个单体建筑沿着水平方向铺展开来,组成里坊、厢坊或街坊,进而聚合成以皇宫(王宫)或衙署为中心的城市。这种以中轴线为基准,主次分明、均衡对称、层次清楚、由低到高、相互呼应,富有伦理精神的有组织、有秩序地在平面上展开的建筑群体,是中国古代建筑文化的一大传统。然而细细品味,从整体平面构图来看,这条所谓的"中轴线"真能在实际的建筑群布局中找到吗?答案貌似是否定的,然而我们确实能感受到它的存在。不得不承认这实乃中原建筑遗产空间布局的高明之处,以择中之手法将建筑组合的"虚"与"实"合二为一,完美融合,再一次彰显出中原先贤哲学思想在建筑营造领域的文化传承。

3.6　中原建筑遗产的"物境"与"心象"

应该说,"物境"与"心象"是同一事物的一体两面。观一物之实景、实境,而引发浮想联翩或睹物思情,类似于文学作品中"通感"的修辞手法。中国古代的文人雅士一向善于寄情于物,借景抒情,建筑作为文化的象征,有着共时性和历时性的时空特征,且与人们的日常生活关系最为密切,自然就成为人们借以言情咏志的极佳载体。这一点上,从现存的中原传统建筑中也可见一斑。

位于河南新密的打虎亭汉墓,是全国重点文物保护单位,其价值的突出体现就在于墓室四壁及券顶表面那精彩绝伦的壁画之中。这些壁画(图3.9)展示了墓主人生前歌舞升平的生活场景。从实用性角度而言,这些壁画在陵墓建筑之中似乎并无实际使用价值,但它们却寄托了墓主人希望在死后的世界中依然能够享受生前所拥有的一切,借此壁画之"物镜"彰显墓主人之"心象"。全国很多高等级的陵墓建筑在墓室中都存在这种穷奢装饰的现象,有的还在墓室的建筑营造中施以斗拱和雕梁画栋等手法,折射出墓主人"事死如事生"的精神寄托。

图3.9　打虎亭汉墓壁画局部(新密市文物局提供)

更多留存于中原大地地面之上的传统建筑中,也不乏此番以建筑之物镜彰显人们心象的案例。最为典型的一种建筑类型当属佛塔。佛塔的原型可追溯至印度的"窣堵波"(stupa),在印度佛教文化中是埋葬高僧舍利的墓室。佛教自东汉传入我国后,迅速在华夏大地生根发芽并广泛传播,中原地区自古便是儒、道盛行之地,得益于其文化具有极强的包容性,佛教传至中土后,迅速融入中国的民间信仰中,并与中华传统文化紧密融合。据《魏书·释老志》记载,东汉明帝时佛教传入洛阳,并于西门外建白马寺。明帝死后,葬于西北的显节陵,内建一印度式塔,这是典籍中记载的我国最早的佛塔。佛塔入中国初期,具有明显的印度式或受印度影响的东南亚佛塔造型风格,但很快就与中国的建筑结合起来,特别是与中国早有的木构的楼、台或石阙等高层建筑结合起来,充分体现出了民族趣味。作为墓室的塔原本并不需要太高,但虔诚的佛教徒为了彰显已故高僧广博的修为,以及对其的崇拜之情,将塔与中国传统的"高层建筑"相结合,无不体现出古人以物咏情的思想。

4

中原建筑遗产的特征

4.1　中原建筑遗产的类型特征及思辨

4.1.1　中原建筑遗产的类型特征

建筑类型在当代建筑理论体系中占据极为重要的位置。所谓类型,指的是以不同事物之间所具有的相同之处为原则加以归类而构成的类别。世界各地古今中外的建筑风格迥异,但也有其相同之处。如功能、结构、外观的拓扑形构、构造方法、装饰风格等方面,均存在共同之处,以其为依据对各地区、各类型的建筑进行划分,即可对不同类型的建筑进行特定视角的分析研究。

以河南为中心的中原地区,因气候、风土以及自然资源禀赋等方面存在差异,造就了各地形态各异的建筑风貌。

4.1.1.1　结构体系的类型特征

河南大部分地区现存的传统建筑多以木构抬梁式为主;信阳、南阳等地理位置偏南地市的部分区域也留存有以穿斗式结构体系为主的建筑;安阳林县等靠近太行山的北部区域存有一定数量由片石砌筑而成的建筑;巩义、洛阳、三门峡等偏西部地区留存有大量地坑院和窑洞民居建筑群;还有其他区域零星留存有仅用青砖或石材砌筑的拱券结构的建筑。这些不同结构类型建筑的出现与其所处地域的气候、文化观念及自然环境密不可分。

4.1.1.2　始建时所承载社会功能的类型特征

河南地区因其文化的包容性和广博性,所留存的传统建筑可谓是对本土古代社会文化的集中反映,功能类型不胜枚举。如城址及城墙(郑州商城、荥阳故城、禹都阳城、商丘归德府城、开封城墙等)、衙署(南阳府衙、密县县衙、内乡县衙、叶县县衙等)、寺观(少林寺、中岳庙、济渎庙、风穴寺、郑州城隍庙、周口关帝庙等)、民居(康百万庄园、张祜庄园、袁氏旧居、叶氏庄园等)、会馆(开封山陕甘会馆、社旗山陕会馆等)、塔幢(少林寺塔林、嵩岳寺塔、祐国寺塔、汝南悟颖塔、荥阳佛顶尊胜陀罗尼经幢等)、庙阙(启母阙、少室阙、太室阙等)、书院(嵩阳书院、大程书院、花洲书院、桧阳书院等)、祠堂(关林、袁林、武侯祠、医圣祠、三苏祠等)、堡寨(临沣寨、保吉寨等)、石窟(龙门石窟、巩县石窟、鸿庆寺石窟等)、石刻(石淙河摩崖题记、云梦山摩崖)、陵墓(北宋皇陵、后周皇陵、邙山陵墓群、范仲淹墓、欧阳修墓、潞简王墓、太昊陵等)。

这诸多类型的建筑遗存翔实记述了中原大地古代人民的生活习俗和文化传统,以及其所在地域的材料、气候、风俗、装修特点,是民风民俗的积淀与折射,实可谓是中原大地"文脉之精华,时空之造化"。

4.1.2　中原建筑遗产的分布特征

中原地区因其特殊的地理位置和自然环境条件,自古以来就是兵家必争之地,也因此孕育了其悠久的历史和灿烂的文化。从旧石器时代至今,在这长达万年的时空中,这片热土上以建筑的形式记述了人们的过往,更昭示着未来。

从时间分布来看,中原大地在历史上星汉灿烂,留下众多弥足珍贵的遗址、建筑、石刻等人工构筑遗存。

从旧石器时代直至商代,在这跨越万年之久的历史岁月中,中原大地因其得天独厚的自然条件,赢得了祖先们的青睐,他们在此繁衍生息,伟大的东方文明之光肇始于此。典型代表如荥阳的织机洞遗址(距今约 10 万年)、郑州的老奶奶庙旧石器遗址(距今 5 万—3 万年)、新密李家沟遗址(距今约 10500—8600 年)、舞阳贾湖遗址(距今约 9000—7500 年)、新郑裴李岗遗址(距今约 9000—7000 年)、濮阳西水坡遗址(距今约 6400 年)、渑池仰韶村遗址(距今约 7000—5000 年)、偃师二里头遗址(距今 3800—3500 年)、郑州商城遗址(距今约 3600 年)、安阳殷墟遗址(距今约 3300—3050 年)等。

从两周至秦汉,河南地区在整个中华文明的发展史中始终保持着旺盛的生命力,营造出许多经典建筑并流传后世,如已被列入世界文化遗产的登封汉三阙(太室阙、少室阙、启母阙)、新郑郑韩故城、洛阳东周王城遗址、偃师滑国故城、安阳曹操高陵、汉魏洛阳城、楚长城遗址、荥阳故城遗址、商丘梁园遗址、密县魏长城遗址、许昌古城城址、荥阳汉霸二王城遗址等。

从魏晋到隋唐,以河南为核心的中原地区在前人的基础上继往开来,营造工事亦有很多佳作冠绝古今。如登封嵩岳寺塔、洛阳龙门石窟、巩义石窟寺、义马鸿庆寺石窟、偃师水泉石窟、登封法王寺塔、登封永泰寺塔、登封净藏禅师塔、嵩阳书院大唐碑、临颍县小商桥(金代重修)、安阳修定寺塔、武陟妙乐寺塔、林州洪谷寺塔、洛阳含嘉仓城址等。

从北宋至明清,中原地区的营造传承更加大放异彩。营造技术的发展日趋娴熟,对材料的利用相较以往更加多样,营造工事的类别也随着社会文化乃至科技发展和行业分工细化而层出不穷,从而迈入中国古代封建社会营造技艺的巅峰时期。典型遗存有巩义宋陵、开封祐国寺塔、开封繁塔、济源济渎庙、登封会善寺、登封嵩阳书院、邓州福胜寺塔、滑县明福寺塔、登封少林寺初祖庵大殿、汝州风穴寺、洛阳白马寺、济源奉仙观、登封观星台、南阳府衙、内乡县衙、叶县县衙、登封中岳庙、虞城任家大院、巩义康百万庄园、鹿邑老君台、开封山陕甘会馆、洛阳关林、安阳文峰塔、淅川香严寺、郑州城隍庙、郑州文庙、郑州北大清真寺等,数不胜数。

当然,从民国至新中国成立,再到今日今时,中原大地从未停止营造活动的步伐,后世的匠师们同抑或可称为新时代的建筑师们秉承中原大地悠久灿烂的营造文化,融合海内外各家营造思想之众长,在新时代的中原大地上续写着中原营造的传奇。河南各地现存很多建于民国以来的各类民居、院落、寺院、庙堂及纪念性建筑等,较为有名的有郑州二七纪念塔、二七纪念堂、郑州黄河博物馆旧址、荥阳苏寨民居、登封中正堂、郑州第二砂轮厂旧址、郑州纺织工业基地。

可以预见,中原大地未来的空间形态仍将续写新的华章。

4.2 中原建筑遗产的规划设计及营造始末

4.2.1 前期谋划

"今夫富人之营宫室也,必先料其赀财之丰约,以制宫室之大小,既内决于心然后择工之良者而用一人焉,必告之曰:吾将为屋若干,度用材几何? 役夫几人? 几日而成? 土石材苇,吾于何取之? 其工之良者必告之曰:某所有木,某所有石,用材役夫若干,某日而成。主人率以听焉。及期而成。既成而不失当,则规摹之先定也。"这段话源自苏轼的《思治论》,详细阐述了古代人民想要营造一座宅屋,前前后后都需要做哪些事情以及各环节的注意事项。其中对于营造之前的策划及准备等相关工作描述的可谓是言简意赅。一言以蔽之,营造事前谋划之重点无外乎财力、规模、匠作、工期四项而已。与当代建筑在建造之初所需考虑的主要方面并无二致。

4.2.2 设计过程

现代建筑作为人类最伟大的创造物之一,其产生的过程从本质上而言与古代建筑并无二致,均遵循从无到有的规律。现代建筑在建造前往往需要经过"设计"的过程。所谓设计,是一项具有创造力的活动,它所要解决的主要问题就是要建构一套可以指导建造活动的策略体系,其整个过程要经过多个环节持续性的系统化元素集聚,再通过环境制约条件的过滤,之后形成最终产品。具体到建筑而言,其环境制约条件主要包括法律规范、材料选用、建造技术、使用功能、选址条件、气候特点、人文特色、文化传统、工程预算等多重因素,经过如此复杂的思想过程而得出的最终设计成果才能付诸实施。整个设计过程可抽象为图 4.1。

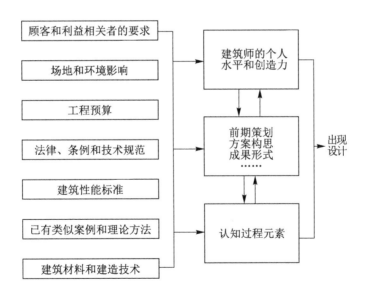

图 4.1 现代建筑设计过程抽象表达

中原地区的传统建筑在营造之前也有类似于现代建筑的"设计"阶段,其思维过程和所关注的要素除了与上述内容些许相同外,亦有部分特殊之处。其中最重要的一项便是位于设计最初的辨方正位和择地立基工作。中原地区作为中华文明的核心发源地之一,诞生了许多闪耀千秋的文化智慧。传统文化中的轴心要义所昭示的法于阴阳、和于术数、天人合一、象天法地等思想在营造工事当中反映得淋漓尽致,特别是在各项工程开始之前均要首先进行的相地立基工序,更凸显出中原地区传统营造工事中以"和合于自然"的文化思想为导向规划的重要性。紧随其后便是各建筑单体的方案构思,因营造所用之材多为木、砖、石等,且营造之法大多承袭匠师口传造作之制抑或官家则例、法式等,使得设计阶段在结构形式、建造技术、材料选用等方面的发挥余地所剩无几,因而也就将重心更多地放在营造工事的组合布局、功能尺度、高低体量等与房屋使用者在使用过程中直接相关的感受要素方面,而需容纳的人口数量、各自的身份地位、兴趣偏好、形体尺度、生活习惯等使用者的具体属性信息就理所当然地成为在设计过程中所要细致梳理和具体依循的最关键要素。如新密县葆监狱的设计就一改中国传统建筑以柱径或柱高作为基本模数的常用手法,而采用了建筑的檐口高度作为设计模数,凸显出中原地区古代匠师灵活变通、实用至上的设计理念。

无论是柱高、柱径,还是檐口高度,模数制设计思想已然成为古代匠师们进行方案构思时的一种思维定式。它便于准确计算各构件的规格,能够较为精准地控制工程造价和施工工期,工程质量也因此比较容易把控,最关键的是,这种模数制的设计思想便于在实践中加以总结,形成特殊的营造口诀代代相传,且口诀之中还包含了古人对数与理的理解,认为屋舍各构件的尺寸定夺往往与吉凶相关联,融入以易理为指导的尺寸确定方法,并创造出了多种受风水理论指导的营造尺具和具体操作方法,如压白尺法、门光尺法、九天玄女尺法等。因它们对传统建筑设计产生的影响深远且广博,一定意义上也因此而造就了我国古代建筑一脉相承的文化传统、工艺形制特色,可谓是我国古代建筑设计过程的独特风格。

得益于技术的发展和进步,设计成果在当代的建筑设计中有很多表现形式,如图纸、动画、模型等,能够十分形象确切地反映设计意图和建筑意象。虽然古代的科技水平相对落后,但并不能阻挡中原地区的优秀匠师们对设计成果的极高追求,他们充分利用自身的经验与智慧,创造了令后世叹为观止的设计成果。登封中岳庙大殿院内有一座保存至今的金代石碑,其上面以线雕的形式刻有一幅《大金承安重修中岳庙图》(图4.2),形象逼真,刻画细腻,比例、方位、形象阐释均完美无缺,真实还原了当时重修中岳庙之后的整座院落建筑群布局,可谓是中原地区古代建筑群规划设计成果的典范之作。此外,河南省现存很多地方史志文献当中亦大多记载有各地的城池布局、山川形胜图样[如《新郑县志》中所载的"城池图"(图4.3)和"县治图"(图4.4)]。一些官衙府邸、宅邸书院和富贾大户也有其相应的院落布局图样传世,为后世窥探先人的规划设计思想提供了真实素材。

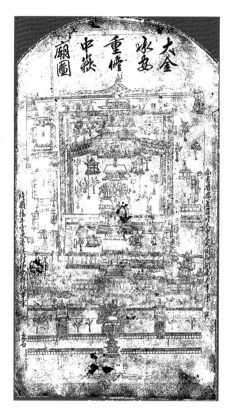

图 4.2　登封中岳庙《大金承安重修中岳庙图》碑(登封市文物局提供)

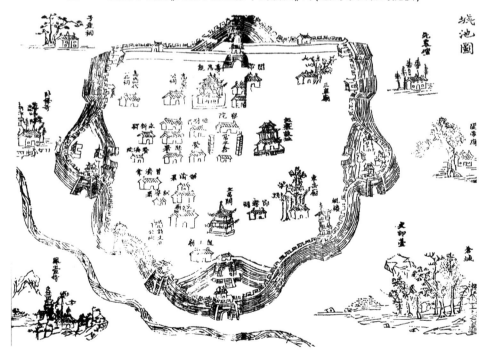

图 4.3　《新郑县志》中所载的"城池图"

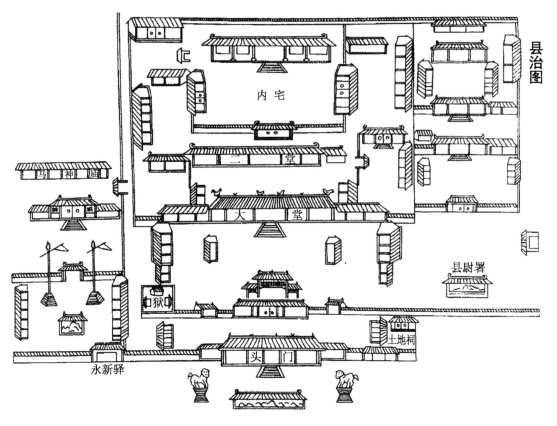

图 4.4 《新郑县志》中所载的"县治图"

　　北宋时期,中原是全国政治、经济、文化的核心地域,并诞生了我国古代建筑设计和施工领域的第一部官方系统著作——《营造法式》,当中亦有地盘分槽图样、草架测样图样、斗拱测样图样、分件图样、彩画作制度图样等可与当代建筑设计的平面图和剖面图相媲美的工程图样,甚至还以单点透视的原理详细描绘有柱础的透视图样,形成了系统化的工程设计成果表现体系,为营造活动的进一步精准实现奠定了基础。当然,寻常百姓家囿于财力,自身宅舍的营建大多无法拿到类似上述图样深度的设计成果,但在工限和料例确定的前提下,只需告知工匠心中所想的一句关乎屋舍构架的表述性短语[如宋代的八架椽屋乳栿对六椽栿用三柱(图 4.5)、清代的五檩前出廊式(图 4.6)],即可在没有任何设计成果的前提下大体实现自己的营造设想,这不得不说是得益于当时营造制度的定型和工艺的默契,那就是让业主和工匠心中对所要营构之造作产生一致性认知。没有平立剖面图和各类详图的指示和索引,仅靠一张简单的示意图就能精准实现整个工程的效果设想,足见营造工事在当时的匠师心中是何等的娴熟、纯粹。

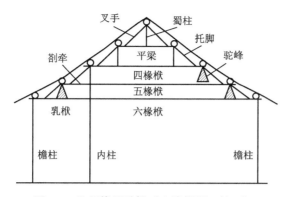

图4.5　八架椽屋乳栿对六椽栿用三柱(宋)

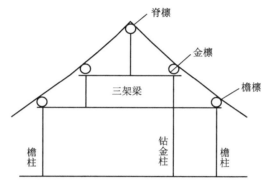

图4.6　五檩前出廊式(清)

4.2.3　营造始末

设计已成,遂将营之。中原地区古代匠师在营造之初仍然有一项极为重要的事宜是现代建筑建造过程逐渐开始效仿的,而这正是中原地区营造工事可以被上升到"文化"层面认知的肇始,那就是整个工程需选取"吉日"作为开工日期,同时在开工前要行祭拜礼,祭拜天地和祖师爷鲁班,祈求工程能够顺利完成,屋舍能够坚固耐久。这反映出中原地区的古代匠师始终将营造过程视作一种精神活动。

祈毕,诸工事依序施展。中原地区古代匠师的营造过程往往依工种的不同采取先后施工、同时施工、交替施工、错位施工等方式,不同工种在古代匠人之中的传诵行话称为作(音zuō),如大木作、小木作、瓦作、石作、砖作、土作、泥作、油漆作、彩画作、铜铁作、搭材作等。虽然每道工序的建筑等级、施工预算、工期等因素都不同,但同一座建筑的施工工艺却大多保持一致并极为讲究,且不同时代、不同地域的匠人也大多都有着自己的绝活儿口传身授,代代相传,才形成中原地区保存至今丰富多彩的建筑类型。千百年来的时空传承造就了其中浩如烟海的道、术、理、法,囿于篇幅、能力、见识等诸多要素,实难铺陈详细,故而此处的研究陈述拟采用现代研究中常用的关键词为辑要,并尽量辅以图片意象,个中联系细节悉不展开。此法虽挂一漏万,也可窥见一斑,以求攒零合整,借以抛砖引玉。中原地区建筑营造过程意象摘要如表4.1所示。

表 4.1　中原地区建筑营造过程意象摘要

工程阶段	内容辑要	器具工艺	常见意象表达
前期准备	相地立基	风水、罗盘	
	场地处理	平格法、计里画方	—
	材料准备	材料选取、运输、分类码放、按需加工等	
	工程管理	工期、料例、人工、工序协调	"使封人虑事，以授司徒，量功命日，分财用，平板干，称畚筑，程土物，议远迩，略基趾，具糇粮，度有司，事三旬而成，不愆于素。"（语出《左传》） 　　这里指明的准备工作包括了计算劳力工期、调配工具物资、准备粮食等项，"事三旬而成"，效率是相当高的。 　　"计丈数，揣高卑，度厚薄，仞沟洫，物土方、议远迩、量事期、计徒庸、虑材用、书糇粮，以令役于诸侯，属役赋丈，书以授帅，而效诸刘子。韩简子临之，以为成命。"（语出《左传》） 　　这一段也说明了施工前的各种准备工作：作出计划，分段负责，把工程分给几个诸侯（各率所属的国人）来完成

续表 4.1

工程阶段	内容辑要	器具工艺	常见意象表达
工程实施	下分：放线、开槽、筑基	定平、定位、定向	
	中分：立柱网	收分、侧角、定直	
	中分：大木上架	榫卯、丈杆、安勘、展拽、点草架、侧样、线活、方五斜七、立架、落架、加荒	
	中分：斗拱	柱头科(柱头铺作)、平身科(补间铺作)、角科(转角铺作)；斗、拱、昂、翘、升、品字科、隔架科、一斗三升、出跳、丁华抹拱、绞割、计心造、偷心造	

续表 4.1

工程阶段	内容辑要	器具工艺	常见意象表达
工程实施	中分：墙体砌筑	干摆、丝缝、淌白、糙砌、土坯；十字缝、一顺一丁、多层一丁	
	中分：门窗安装	小木作、外檐装修、内檐装修、码三箭、隔扇门、板门、隔扇窗、槛窗、直棂窗、破棂窗	
	上分：木基层置安	檐椽、飞椽、望板、望砖、连檐、闸挡板、瓦口木、交斜解造、结角揭开	
	上分：瓦屋面铺设	筒瓦、苫背、合瓦、干槎瓦、捉节夹垄、压七露三、分中号垄压肩造、撞肩造	
	上分：脊饰安装	正脊、垂脊、戗脊、博脊、排山沟滴、吻兽、仙人走兽、三砖五瓦、玲珑脊、清水脊、宝瓶宝顶	

续表 4.1

工程阶段	内容辑要	器具工艺	常见意象表达
工程实施	花活雕饰	砖雕:垫花活、钻生泼墨、平雕、浮雕、丹墀	
		石雕:须弥座台基、勾栏、莲瓣柱础、剔地突起、压地隐起华、减地平钑、石像生、经幢	
		木雕:雀鸟、匾额	
	油饰	一麻五灰、一布五灰、单皮灰、磨细钻生、斩砍见木、撕缝	
	彩绘	宋式彩绘	宋式五彩遍装彩画
		清式彩绘	

续表 4.1

工程阶段	内容辑要	器具工艺	常见意象表达
工程实施	家具陈设	屏风、罩、博古架、碧纱橱、天花藻井、楣子栏杆、山花蕉叶	
	竣工验收	捶击擿坚、落锤法、真尺、掌尺、堵料匠、喝风、度杆、虹面	
	维修利废	补漏、换损、除草、抿缝、打点修补、托梁换柱、打牮拨正、拼帮、用材植、抨墨、就余材	(a)"打牮"工艺　(b)"拨正"工艺

4.3 "器之为体"层面的中原建筑遗产——"材料""构造"与"结构"

4.3.1 中原建筑遗产的材料选用

材料是构成所有建筑的基本要素,世界各地的建筑在建造时大多遵循"就地取材"的原则,造就了人类文明中多姿多彩、形态各异、能够代表地方历史文化及环境特色的建筑形式。中原传统建筑的材料选用可谓是就地取材的典范,淋漓尽致地反映了中原各地不同的资源禀赋和人文特色。

4.3.1.1 选材逻辑

古代匠师们在营造工事之初所要面对的第一个问题就是选材。河南省地势西高东低,由平原和盆地、山地、丘陵、水面构成,降雨量适中,属温带大陆性季风气候,四季分明,水、植物及矿产资源禀赋优越,虽然可用于营造的天然材料十分丰富,然而材料的选用和加工是需要和营造工艺水平相匹配的。由于不同时期的营造工艺技术水平差异明显,故选材的逻辑随着历史进程的发展呈现出一定的差异性。蛮荒时代的中原大地,人们本能地寻找一些天然洞穴作为栖身之所。进入石器时代后,随着人们对石块、木棍、草绳等简易工具的制作与熟练使用,营造的意识开始萌芽,出现了"地穴"这种易于建造且能够容纳更多人的居所,此时与其说是对于建筑材料的选取,倒不如说是对地穴位置的选择,大多遵循"高毋近阜,而水用足;下毋近水,而沟防省"[1]的基本原则。

进入金属工具时代后,生产力得到了极大的提升,随着营造工事的频繁开展,实践经验的积累使得建筑营造技艺也随之有了质的飞跃,营造工事对于材料选用的目的性大大增强。对于有机质营造主材——木材的选用越来越关注不同树种的力学性能和防腐防潮特性。在房屋营造过程中直接用于架设安装的"自然材"比例大幅减少,高等级建筑对木材的加工更是精巧细密,大型宫室更是在木材表面施以油饰彩绘,以增强其抗腐防潮性能,同时又极富艺术美感。材干顺直、承重和防腐性能好的木材多用于大木构架制作安装,硬度较大、不易变形、含水率低的木材多被当作小木作乃至细部雕饰的理想原料。同样,从早期的素土、三合土、天然石材,到后来的土坯、黏土制坯并经烧制而成的砖瓦及琉璃构件,以及经过剁斧、砍凿、雕刻等多道工艺深加工而成的人造石材,对于无机质营造材料的选用亦基于其用处和用法的不同而考究备至。

先人们在大量的材料开采选用和制作加工过程中不断试错,总结出大量的经验,并在实践中不断将旧有工艺加以尝试性地改进,在结果屡获成功的情形下完成了营造技术提升从偶然向必然的转变。

4.3.1.2 用材标准

编纂于北宋时期的《营造法式》一书当中曾载:"凡构屋之制,皆以材为祖;材有八等,度屋之大小,因而用之。"中原大地的古代人民在营造工事的发迹过程中孕育出了无比杰出的标准化制作施工智慧。从穴居时代到宋代以前,在这数万年之久的营造活动中,对于材料的使用从毫无章法可言逐渐过渡到可以对用材的规格、种类、用途等方面进行标准化加工和选择,以使得受等级、功能、选址、尺度等因素限制的房屋均能够完全依照设计意图建造成功。至宋代中叶,这种标准化的营造传统已臻成熟,加之当时一些特殊的历史背景[2],将作监李诫临危受命,历尽艰辛,方著成享有"中国古代建筑学天书"之称的《营造法式》。北宋时期中原大地是当之无愧的华夏中心,代表了当时中国文化的巅峰,李诫乃郑州人士,故而《营造法式》亦可谓是中原建筑遗产研究的集大成者,堪称当时乃至整个中国古代封建社会建筑营造智慧的结晶。《营造法式》是当时建筑设计与施工经验的集合与总结,对后世产生了深远影响。其中关于营造用材制度的标准化乃贯穿全书的主线,

---

[1] 语出《管子·乘马》。

[2] 北宋建国以后百余年间,大兴土木,宫殿、衙署、庙宇、园囿的建造此起彼伏,造型豪华精美,负责工程的大小官吏贪污成风,致使国库无法应付浩大的开支。因而,建筑的各种设计标准、规范和有关材料、施工定额、指标亟待制定,以明确房屋建筑的等级制度、建筑的艺术形式及严格的料例功限以杜防贪污盗窃被提到议事日程。哲宗元祐六年(公元1091年),将作监第一次编成《营造法式》由皇帝下诏颁行,此书史曰《元祐法式》。因该书缺乏用材制度,工料太宽,不能防范工程中的各种弊端,所以北宋绍圣四年(公元1097年)又诏李诫重新编修。李诫以他个人10余年来修建工程之丰富经验为基础,参阅大量文献和旧有的规章制度,收集工匠讲述的各工种操作规程、技术要领及各种建筑物构件的形制、加工方法,终于编成流传至今的这本《营造法式》,于崇宁二年(公元1103年)刊行全国。

为当时乃至后世各地的营造活动提供了全面翔实的选材、制材、用材的技术标准和行业规范，自此中国古代建筑的设计及营造活动迈入了标准化时代。至清代，传统营造技艺和建筑的构造方式相较历代发生了较大变化，官方又顺势颁布了《工程做法则例》，约定建筑用材的尺寸规格以斗口尺寸(大式建筑)和檐柱直径(小式建筑)为准，使得自此以后的各类建筑营造用材能够更好地迎合当时的造作制度和工艺技术水平，再次将中国古代建筑营造活动的标准化程度推向新的高峰。

孟子曰："离娄之明、公输子之巧，不以规矩，不能成方圆。"[3]古人素有以规矩定方圆的思想。中原大地，从古至今，以"单体房屋之规矩形塑组群布局之方圆，以合院组群之规矩厘定坊巷之疏密，以坊巷排列之规矩权宜城郭之准绳，以城郭小大之规矩翘首民心之安固"，不仅在营造领域始终用实际行动践行"熵减"的目标，更进一步延伸至整个社会，最终以一种"集体无意识"的文化基因深深地烙在民族的血液里。建筑用材的标准化之路恰恰正是这一文化观念的最直观反映，对于当今乃至未来的建筑设计活动均有着一定的启示意义。

4.3.2　中原建筑遗产的构造做法

在现代建筑学的语境中，构造是一个专业术语，是指建筑物各组成部分基于科学原理的材料选用及其做法。在今人对中国传统建筑遗产的研究中，"构造"一词常与"做法"连用，用于强调建筑物各组成部分的组构原理和连接方法，具有很强的实践性和综合性。

中原建筑遗产作为中华传统建筑体系中的一员，是以汉文化为主的营造传承体系，其遗构的构造做法大多沿袭主流。远古穴居时代的营造物因构成简单，大多均为对原始天然材料的简单使用，似乎并无太多"构造"可言，但其在地穴中部竖立中柱，借以柱顶上部绑扎的茅草覆顶，于穴底使用白灰以坚固地面并兼顾防潮之效等手法的使用，已出现构造做法之端倪，更为后世传统建筑营造过程中复杂构件连接的使用奠定了坚实的基础。

进入文明时代以来，营造技术取得了长足的发展。最直观的表现即建筑构造的复杂程度与日俱增，至唐宋已臻巅峰，到明清几近趋于烦冗。在这数千年的发展历程中，中原传统建筑的构造演变主要表现在构件之间的连接和搭接方式上。如前所述，中原地区的传统建筑多以木构为主，辅以砖石作为其围护屏障，各大小木构件之间、木构件与砖瓦石构件之间的连接与搭接做法就成了房屋是否能够稳固的重中之重。华夏先民远在原始木构为巢的时代就已经发明了"榫卯"这种精巧且牢固的木构件连接方式，在后世匠人的营造过程中不断传承创新并广泛应用于各类大、小木构工事的制作安装之中。这种连接方式是将两个木构件以榫头和卯口进行拼接，有些施"裁梢"用以从第三方向固定，完成后就能像人体骨骼关节一样既灵活又牢固，匠师们不用一根钉子就能将一座高大雄伟的木构架建筑物矗立起来，且还稳固到足以抵御地震等自然灾害对建筑物的破坏，使建筑物在地震波的外力破坏下能够"墙倒柱立屋不塌"。榫卯连接技术实乃中华传统文化阴阳观念在建筑物营造过程中的直观反映和运用，可谓是中国古代营造技术的一项伟大创举，乃至于很多以砖石砌筑的古建筑(如塔幢)，在局部构件连接处也极力效仿榫卯之功，且往

---

[3]　语出:《孟子·离娄章句上》。

往收效良好。

除了木构榫接卯合之外,木构和砖石之间、砖石和砖石之间的连接构造亦暗藏乾坤。如木柱与底部的柱顶石之间往往采用"管脚榫"和"套顶榫"相连以稳固柱脚。传统建筑外墙使用青砖砌筑时,往往采用"十字缝""多层一丁""三七缝"等错茬咬合方式,以增加墙体的整体结构稳定性;墙体外表面还依据建筑等级和重要性的不同,采用"干摆""丝缝""淌白"和"糙砌"等不同细腻程度的面砖加工工艺,呈现出墙面不同的感官效果。

中原地区屋面构造常采用木基层打底,灰背和泥背做黏合剂,为增加黏合效果和防止泥背开裂,材料制作中常于黄泥之中掺入麻刀或麦草泥,最后于屋面最上部采用瓦面覆顶,并采用各类型脊饰收口成型的构造做法,由于木构架本身有举架的构造工艺,使得屋面形成反弧的优美曲线以利排水。

此外,还有"压肩造""撞肩造""退花碱""计心造""偷心造""把头绞项造""侧角""生起""卷刹""拉暗丁""减柱造""移柱造""讨退""里生外熟""冲三翘四""压七露三""捉节夹垄""一麻五灰""剔地突起""压地隐起华""虎皮石干背山""敲山尖""退山尖""攒生泼墨"等诸多在营造过程中被匠师们口传身授并逐渐固定下来的工艺做法,它们在不同类型的建筑营造活动中被广泛使用并代代相传,所筑之物流传至今,实乃构造工艺、施工技术与建筑功能、审美趣味乃至哲学观念等方面的完美融合,也为后世方家洞悉先人们的营造理念提供了真实案例。

4.3.3 中原建筑遗产的结构安全

结构安全是任何建筑物能够建成并长久使用的基础。结构体系这一概念源自现代房屋建筑学,是指承受竖向荷载和侧向荷载,并将这些荷载安全地传至地基,一般将其分为上部结构和地下结构。上部结构是指基础以上部分的建筑结构,包括墙、柱、梁、屋顶等,地下结构指建筑物的基础结构[4]。

中原大地的匠师们向来十分重视营造工事的结构安全。从穴居时代便开始在穴底使用白灰,以增加其硬度,防潮的同时又能增强对中柱的支撑作用,减缓其下沉速度。自真正意义上的建筑营造活动以来,对于建筑整体的安全性则更加重视,与现代建筑学关于结构体系概念的认知一致,这种重视也主要体现在建筑主体构成的两个维度,即地下和地上。

4.3.3.1 地下结构

地下部分是建筑赖以存在的基础,上部所有构件的荷载均需地基来承托。正所谓"欲将善其终,必先固其始"。而建筑营造活动正是从打地基开始的,所以地下工事的牢固与否将决定一座建筑是否能够建成并坚固耐用。中原大地肥沃的黄土层为先民们提供了良好的庇护条件,远在穴居时代的中原先民们就发现土层经夯打密实后可大幅提高其承载能力,夯土地基便应运而生。而后随着对新材料力学性能的不断了解,并尝试将其应用于营造活动中,发明出灰土地基、砖渣地基等更高承载性能和防潮性能的基础形式,将人们栖身环境的舒适性进一步提高。进入文明时代以来,对环境的认识达到了前所未有

---

[4] 聂洪达.房屋建筑学[M].北京:北京大学出版社,2007。

的高度,不仅重视基础营造技术和材料本身,更逐渐认识到建筑选址的重要性。经过不断地观察和尝试,在春秋战国时期就产生了"相土尝水、象天法地"的建筑选址方法。《史记》就记载有战国时期伍子胥在规划吴都(今苏州)时进行"相土尝水"的故事。所谓"相土",用当代建筑学来解释就是对拟从事营造活动的基地进行工程地质条件的勘察。《营造法式》中规定:"凡开基址,须相视地脉虚实",亦阐明了于营造工事开始前进行地质条件调查的重要性。

调查完毕并确认无虞后,便可开始对地基进行加工处理。从现存于世的中原地区传统建筑来看,古代建筑的地基主要分为两种,即天然地基和人工处理地基。天然地基自然条件非常优越,无须处理即可用于营造,多为天然块石,在此不赘。大多数建筑的地基条件不甚理想,需要经过人工处理后方可用于营造。

从对中原地区现存建筑的修缮过程中可以发现,古时匠人对地基的处理方式主要为夯打,而夯打又按其构成材料的不同分为素土夯打地基和复合土夯打地基两种类型。其中素土夯打地基在中原文明的早期遗迹中偶有发现。如河南偃师二里头早商宫殿遗址的夯土地基面积竟达 1 万 m^2,深入地层约 2 m,使用纯黄土整片分层夯实,至今仍异常坚实(图 4.7)。古人在生活中发现黄土这种材料经过火的烧制淬炼后硬度会大大提升,由此想到在地基土壤中加入一定量的烧土制品碎渣或石灰,经夯打后其强度较通常的夯土地基有显著提高,且在耐水、防潮等方面的性能亦改善良多,如河南洛阳王家湾原始社会建筑遗址夯土墙下的地基是掺入红烧土块后一并夯实加固的。

图 4.7 偃师二里头早商宫殿遗址的夯土地基

除了夯打基础以外,古人在某些情况下不得不在工程地质条件较差的区域开展营造工事时,发明了一种被后世称作"换土法"的地基处理技术。顾名思义,所谓"换土法"即把原来无法满足要求的软性地层挖去,换上力学性能较好的土层材料的做法。《汴京遗迹志》载有北宋东京(今河南开封)城垣的墙基在修筑时无法满足要求,随即就采用了换土法进行施工的营造典故。

地基处理过后,就可以在其上进行基础施工了,基础是位于建筑地面以下,为地基以上、地面以下的部分,起支撑建筑上部荷载并将其传递至地基的作用。由于传统建筑多以抬梁式木构架体系,上部荷载主要是通过柱网层传递至地基的,因此作为基础的承载能力而言,须着重考虑对每根柱子的支撑性能,最能够直接承托柱子荷载并将其传递至基础的桩基就成为人们自然而然的选择。"桩基"作为现代土木工程当中常用的一种标准化结构做法,在我国古代建筑营造过程中使用许久,该项技术在中原建筑遗产史的发展历程中有着广泛的应用。穴居时代就有于地穴中央竖桩入地作立柱以承草顶的传统,至夏代于柱根底部埋设石块,名曰"礩",减缓柱根受潮腐烂速度的同时还能够增强立柱的稳定性。商代出现了在柱与礩之间加放铜质垫片的做法,进一步提升了柱根埋入土中部分的防腐性能。至宋代,将柏木桩打入土层作为桩基的技术已趋于成熟,做法逐渐固定并标准化。明代以后,随着砖的大量使用,使得传统建筑能够在夯筑的地基之上采用砖石砌筑的基础,桩基的使用开始逐渐减少。这种在柱下砌筑的基础称为"磉墩",它被作为支撑柱顶石的独立砌体,极大地提升了柱根的防潮性能。

除了用于承托上部主体架构荷载的磉墩作为桩基以外,还有用于承托上部墙体自重的"拦土",其二者各自独立,以通缝相连,连同所围合而成的长方体坑内用素土填平夯实后,共同构成了建筑基础地面以下的部分。

中原古代传统建筑基础露出地面以上的部分被称作"台基",它是建筑的基座,是古代建筑外立面"一屋三分"之"下分"所在。台基作为整座建筑结构体系中起承托上部所有构件荷载作用的重要构件,在茅茨土阶时代就已出现。随着技术的不断发展,至东汉时期出现了以夯土为主体,外包砖石的台基形式。后世又不断基于建筑的功能使用需求对其构造做法不断变更改善,至清代已演化出须弥座台基、复合型台基、普通台基等多种样式,满足不同功能等级建筑使用要求的同时又能起到防水避潮、稳固基础、组织空间、调适构图、扩大体量等多种作用。

至此,以相土选址、地基处理、基础敷设和台基营构几个阶段所组成的传统建筑下部结构的设计施工便完成了。从中原大地现存的传统遗构来看,其基础部分的营造以安全稳固为首要目标,同时兼顾经济性和适用性,较高等级的建筑还常常通过材料选用(如汉白玉、琉璃)和特殊构造做法(如须弥座、月台、丹陛、栏板望柱雕刻等)来突显其美观和庄重,极富艺术价值。

4.3.3.2　上部结构

中原建筑遗产营造法于阴阳,和于术数,短长有节,量材施用,故能表里如一,而终其天年,历久而弥新也。中原建筑遗产结构体系中的上部结构根据受力体系的不同主要分为承重结构和围护结构两大部分。其中承重结构主要包括柱网和屋架两大模块,而围护结构则主要包括墙体和屋面两大模块。它们共同构成了中国古代建筑外立面"一屋三分"之"中分"和"上分"。

柱网层作为中原传统建筑"一屋三分"的"中分",是由若干位于建筑平面不同轴线相交点位柱子共同构成的联合承重结构,它是整座建筑中起承上启下作用的传力构件,将上部梁架和屋面所产生的荷载传递至台基和基础。根据所处位置的不同而名称各异,如檐柱、金柱、山柱、都柱、擎檐柱等。柱身底部做榫头插入柱础,顶部柱头之间以榫卯的方式与水平向的梁和枋相连接,共同形成一种类似于现代框架体系的笼式结构,既稳定又富有结构弹性。清代以前的中原地区木构建筑的柱网层往往设有"侧角"和"升起",不仅能够大幅提高建筑的抗侧倾能力,还显得更加稳固。至清代中晚期,随着木结构体系施工技术的娴熟运用,这种做法已不多见。

柱网之上便是"一屋三分"的"上分"了,中原建筑遗产的上分根据建筑等级的不同分为两种做法,柱头之上承托斗拱层,由斗拱层再承托上部梁架的为大式建筑,无斗拱层而直接将梁头落于柱头上的一般以小式建筑居多,但有时亦可"大式小做"(大式建筑不施斗拱)。梁、檩、枋、椽组成木构架结构体系上分的主要构件,其单个构件的造作之制、称谓以及相互之间的连接关系亦随着时代的变迁而有所不同,在对不同木材自身特性和受力性能等参数逐渐加深的基础上,总体呈现出一种进步的态势。茅茨土阶时期上述构件的采集、加工、施用处于相对较为原始的阶段,但已经开始使用榫卯技术用于大木构件之间的连接施工;至秦汉,随着技术的不断进步和工艺水平的不断提高,宫室等高等级建筑对于材料的加工已颇为讲究,此时构屋的特点是突出一个"大"字,各类用材均相当硕大,高等级建筑的斗拱在当时称为"枅",构造较为简单,与其上部梁柁的连接不十分紧密,整体构架的结构完整性依然较弱;唐宋时期,中原大地的木构营造技术发展至巅峰,对于木材的特性可谓是了如指掌,在以《营造法式》为代表的标准化设计施工制度下,创造出许多杰出的建筑典范。这一时期的建筑梁架连接方式已完全符合木材的受力性能,如《营造法式》当中关于大柁断面高宽比3:2的做法,明栿月梁的做法等,其整体受力性能均被当代建筑结构学所证明是最优的,斗拱的构造完全出于其受力性能考虑,与梁架完美地连接为一体,使梁架结构的整体稳定性和结构刚度大幅提升的同时还能够充当地震纵波影响下的弹簧,使建筑在强烈地震影响下能够墙倒柱立屋不塌,实可谓将木材的性能发挥至极的营造奇迹;元明清三代,中原古典建筑的营造技术进一步发展乃至烦冗,斗拱的力学机能在整个梁架构成中逐渐褪去,转而变成一种彰显建筑等级的纯装饰性构件。大木构架的用材之道亦产生些许转变,如《工程做法则例》中所定的梁身的截面高宽比为6:5,从现代材料抗弯的受力性能来看着实冗余了不少,月梁之身更是极为鲜见,甚至有些建筑当中还使用了"拼合梁",这也许不能说是一种退步,更大的可能性是中原大地连年战乱,兵事频仍,至清代可用的良木已十分稀少,不得不在现有的条件上谋求营造选材的变革之道。明清时期的榫卯技术已极为成熟,梁架各构件之间的连接方式巧妙至极,为建筑的长久保存提供了坚实的物质基础。

借一寻之木,筑广厦万间;上栋下宇,以避风雨。结构体系是所有建筑的立身之本,中原建筑遗产从茅茨土阶、木骨泥墙到雕梁画栋、翘角飞檐,经历了无数次从尝试到失败,从总结到成功的历程,正是凭借着先贤们智慧经验的总结,才造就了中原大地多姿多彩的古建精华。而当今的建筑学在设计阶段至少要经历建筑方案设计和建筑结构设计两个步骤,方案设计经常天马行空,极尽思维之能事,这就苦了结构设计,绞尽脑汁也要实现建筑师们的各种奇思妙想,但即便如此,有时也难于完全实现。多数情况下,结构和形式是"被迫"走到一起的。而中原建筑遗产的营造理念是起初就视"结构"与"形式"为一体,用统一的章法将其二者完美地结合在一起,既保证材料结构性能最大程度地发挥,又通过构件之间的巧妙连接和房屋选址及平面布局的"置陈布势"和"因势利导"而实现房屋内外空间富于变化的效果。中原古代木构建筑将贯穿古今先贤思想深处的整体有序、因材施用、物尽其用、材尽其能、小中见大、营造互参等观念信仰体现得淋漓尽致,而不片面追求某座单体建筑的奇、怪、异、炫,彰显出我们传统文化谦逊内敛而又内涵丰富的一面,足见文化才是建筑设计和营造的源头活水,值得当代建筑师仔细品味和借鉴。

4.4 "道之为用"层面的中原建筑遗产——"功能""空间"与"形态"

4.4.1 中原建筑遗产的功能设定

功能,简单来讲就是使用价值的选择和承载。建筑作为人造空间,自身所能承载的人类活动多种多样,但人们总会选择在特定的建筑空间做特定的事情,并以此为该建筑冠名,这种做法早在原始社会建筑的雏形时期就已经显现[5],后世更是将功能作为限定建筑空间类型的最主要考量,并以此为目标来诱导建筑的外观、体量、造型、结构、色彩、级别等多个维度的设计和建造。

中原建筑遗产作为豫州大地古圣先贤的栖身之所,于数千年的岁月更替中被赋予了多种多样的功能体系,它们可谓是中原建筑遗产之于本土历史文化的记载和见证,有着极为重要的价值和意义。

据不完全统计,现今留存于中原大地上的建筑按功能来划分,大致包括以下几种类型:陵寝、衙署、寺观、祠庙、观象台、书院、民居、商铺、驿馆、仓廪、牌坊、城墙、桥梁、塔幢等。这些不同功能的建筑有些仅从外观来看极为相似,但功能迥异,其设定之道源于中原大地历朝历代的社会文化体系并各有不同,总体来讲,大致可分为以下几个方面。

4.4.1.1 统治阶层实施管制及防御的需要

如衙署类建筑和城垣相关设施的营造,完全是出于古代统治阶层实施地方管制和抵御外敌入侵的需要而设定。此类建筑多是皇权的代表,往往等级较高,建筑营造的工艺、选材、形制等各方面均十分讲究,多为当时先进营造技术的代表。如现存于河南南阳的府衙、内乡县衙、叶县县衙,开封钟楼、鼓楼、古城墙,商丘古城墙等。

4.4.1.2 百姓安居乐业、耕读传承的载体

此类建筑多为各式各样的民居,还包括民居聚集的村落,以及部分民俗文化的承载场地(如牌坊、戏台、祠庙)和相关附属建(构)筑物(如商铺、桥梁等)。民居及相关附属建筑留存较多,也是古人最主要的日常生活场所,中原地区的先人宗族观念浓重,多聚族而居,故而民居类建筑多以聚落的形式出现,且建筑组群布局亦多使用合院式,体现出尊卑有序、长幼有别的宗族聚居礼法。其功能差异也因此更多以群体组织的形式彰显,而非于一座单体建筑内进行以不同功能为目的的空间划分。这体现出我国中原传统文化对于建筑功能划分的支配作用。

4.4.1.3 出于不同使用场合的需要

此类建筑主要基于某些特定的使用场合而建造。如寺观、石窟、观象台、书院、陵寝、

---

[5] 如西安半坡遗址所发现的位于聚落中央的第一号房址,比环绕在其周围的其他房址要大得多,被俗称为"大房子",根据考古研究,料想其所承载的功能应该明显区别于周边的小型房址。

商铺、驿馆、仓廪等。此类建筑存世较少，但大多建造精良，质量等级较高，能够从特定角度反映出中原大地历朝历代的社会空间组织结构，也是中原地区古代科技、教育、商业、仓储等社会功能最直接的记录，其建筑组群布局和单体造作制度从古至今既有区别又一脉相承，这种不同时代下各类社会功能在不同建筑空间中的折射，亦造就了各式各样的建筑外观性格（如文雅的书院建筑、开放的驿馆和商铺、古朴超然的寺观、硕大的仓廪建筑遗迹、肃穆幽静的陵寝建筑、神秘的观象台等）。

4.4.1.4 空间的标志或界定

以河南为核心的中原地区此类建筑存量不多，多为古代城池或庙宇基于一定的文化传统或风俗习惯所建造的具有特殊意义的构筑物。如佛寺庙宇内的舍利塔和经幢，还有位于城池特定位置的风水塔等。此类建筑的功能不是用来承载人类的具体活动，而是用来寄托人们某些特殊的愿望和思绪，且往往在人们心中具有十分重要的地位，因而对其营造更多是以传承久远为根本出发点，故而此类建筑大多以砖石为材料营造，意图能够流传久远，泽被后世。它们是中原地区古人精神信仰的载体，在社会的集体意识中占据重要位置。

功能作为现代建筑设计中的高频关键词，在中原大地的传统建筑营造中并不十分适用，"角色"一词应该更能体现中原传统建筑的常规使用场景，究其本质而言，乃各类型传统文化在空间层面的自组织和活态化应用，此种观点在中原地区传统建筑的空间塑造之道中显得更突出。

4.4.2 中原建筑遗产的空间塑造

当有了建筑，空间就有了内外。当作为社会属性的人群开始使用建筑，空间便有了公共和私密之分。自古以来，空间的创造和使用便是建筑设计和营造绕不开的话题。当代建筑学对于空间的认知更讲究基于功能使用需求的界面围合体验感，如环境心理学、城市设计学、建筑物理学、街道的美学等理论学说的科学性已被各类设计案例广泛证实。

相较于当代建筑学关于空间营造方面丰富的理论学说而言，中原传统建筑在空间塑造方面的典籍文献可谓凤毛麟角。没有系统化的文字记述并不代表没有这方面的实际应用，可以说，几乎每一处现存的中原建筑遗产均能够窥探出古人对于空间的理解。

4.4.2.1 隔而不断的空间流动性

中原建筑遗产的空间流动性主要表现在室内和室外两个层面。中原地区一些等级较高建筑群的重要建筑的室内常在建筑物明间、次间、稍间和尽间的剖断方向上安置，用以分隔空间的门罩、屏风等，使得一座建筑内部的空间公私分明、动静有序的同时还能够隔而不断。表现在室外层面上，不同院落之间、院落与外部环境之间常用高台或墙体加以分隔，使得每一进院落，每一户宅院都建立起极强的领域感，同时又可以使"一枝红杏出墙来"，空间分而不离，流动有序。

4.4.2.2 隐而不藏的空间渗透性

"曲径通幽处，禅房花木深。"中国古典园林建筑体系的营造向来讲究步移景异，园路蜿蜒延伸向前，对面景色若隐若现，空间的界限在不断向前渗透，诱人前往一探究竟。此种中国传统园林造景之常见手法，于中原传统建筑组群营造中亦有所体现和发扬。河南多地都现存有古时的堡寨和古村落建筑群，其内部的道路蜿蜒曲折，两侧建筑渐次展开，形成了完全不同于合院式布局的组群肌理。以人的视角徜徉其间,感觉空间就像在移动中渐次展开的画面一样,隐而不藏,通而不透,在当时既满足了防御等特殊层面的需要,又在建筑群内部形成了富有韵味的公共空间。典型案例如平顶山市郏县堂街镇境内的临沣寨(图4.8),郑州市中原区境内的保吉寨,焦作市修武县岸上乡的一斗水村等诸多古村落。

图4.8　郏县临沣寨全景鸟瞰

4.4.2.3　天人合一的空间融合性

中原建筑遗产的营造注重与环境的融合,这点最直接的体现是在建筑营造之初基于风水环境考量的选址上。中原地区大多数现存建筑的选址都极为讲究,特别是在寺庙、宗祠、陵寝和一些大型民居建筑群中表现得尤为突出。如河南登封的少林寺、法王寺、中岳庙,巩义的宋陵、康百万庄园,新郑的欧阳修陵园等,均能体现出古人在营造之初力求将建筑选址与其周围山川形胜完美融合的图骥。

4.4.2.4　匠心独运的空间隐喻性

《易经》有云:"形而上者谓之道,形而下者谓之器。"三维世界中的任何有形载体都是道器合一的统一体。其形态本身只是作为客体的存在,而人们对其认知与理解在不同阶段、不同场合中往往充满了各种臆想,即所谓的隐喻,是超越物质实体形态本身的精神集合。隐喻的产生根植于文化,其过程的参与者均以文化为载体,同时又间接催生出新的文化,如此循环往复,生生不息。

建筑空间中的隐喻可看作是人通过建筑自身所彰显的某种精神、心理、情感或认知关系。它基本取决于人的生理、心理交互作用。由历史文化积淀下来的隐喻一般让人易于理解,而由营造者自身所创造的某种形态作为特殊意义的隐喻,则是一种匠心独运的隐喻。

中原建筑遗产的空间隐喻性有很多案例表现。例如新密县衙仪门前面的莲池(图4.9),因"莲"与"廉"同音,且莲花又是"出淤泥而不染,濯清涟而不妖"的典型代表,由此这一空间就象征着县官清正廉明的思想取向,可谓是一种恰如其分的空间隐喻。还有很多中原民居入口处往往设置照壁,其上雕刻蝙蝠、葫芦等砖雕造型,象征主人祈求多子多福的美好生活愿望。又如一些中原地区的寺庙建筑群正殿的空间往往较为高大,供奉着神态威严、体量巨大的神像,给人以庄严、肃穆、神圣的空间暗示。开封山陕甘会馆院内主要位置安放三间六柱五楼不出头歇山顶鸡爪牌楼,象征着此处清代山西、陕西、甘肃三省商人经商、贸易、联络同乡感情的场所。凡此种种,不胜枚举,建构出中原地区建筑空间营造中对隐喻之道的完美诠释。

图4.9 新密县衙仪门前的莲池

4.4.3 中原建筑遗产的形态耦合

中原地区传统建筑在外观造型、结构形式、空间秩序等方面似乎都有着共同的"母题"要素基因。千百年来,正是在这种以母题为主线的聚力耦合作用下,才使得中原建筑遗产得以一脉相承,生生不息。

4.4.3.1 外观造型

中原传统建筑在外观造型上的母耦合传承与广义上的中国古代主流建筑存在诸多相同之处。用一些关键词即可概言其要:一屋三分(上分、中分、下分,图4.10)、屋顶形式(庑殿、歇山、悬山、硬山、攒尖等)。如果全都相同,就无所谓中原建筑和中国建筑了,同中当然存异,例如中原地区很多地方至今还存有很多朝向内院找坡的单坡屋顶民居,还有很多地坑院并不采用三分式的立面造型和等级分明的屋顶形式,而仅仅是在立面门罩顶部施以简单的披檐,造型简洁且不失功用。

4.4.3.2 结构形式

木构抬梁式大行其道,数量最为之重,此谓之同;而异之所在更多。中原地区从古至今兵燹频多,致使营造工事可用良木较少,得益于黄河冲积所形成的平原地带,黄土资源丰富,由此形成了中原地区很多地方的传统建筑广泛采用木构架与厚重山墙共同承重的混合结构形式,甚至还出现了无梁殿(拱券承托屋面荷载)这一特殊的结构形式,但从外观来看与普通的木构架建筑并无明显不同。此外,中原大地现存很多古塔这一特殊的建筑类型,其大多以砖石为材砌筑而成,古代匠师在经验智慧的凝结下创造性地使用了空筒式、塔心柱式、壁内折上式等多种适用于砖石材料的高层建筑结构形式,将砖、石等无机质材料的力学性能发挥到了极致。

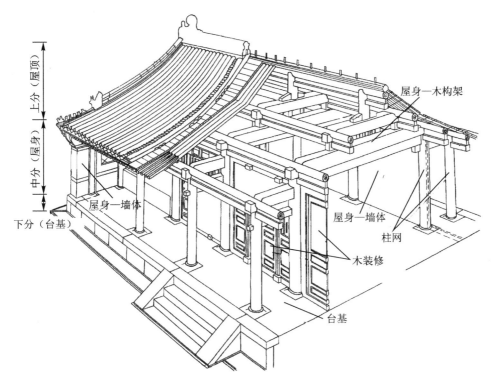

图 4.10 中国古建筑"一屋三分"示意图

4.4.3.3 空间秩序

中原建筑遗产的秩序建立整体上以尊卑有别、长幼有序、天人合一、阴阳和合、谦逊内敛、趋吉避凶等思想为统领。无论是等级较低的普通民居，还是等级较高的衙署寺院，各单体建筑的组群布局多采用合院式的布局形式，重要单体建筑依次位于中轴线上，随着院落的深入渐次展开，而普通的单体建筑则分列在每一进院落两侧，由此构成了中原地区传统建筑的空间秩序母题，凸显出家族聚居的思想和智慧传承。而进入当代以来，随着城镇化进程的不断加剧，这种聚族而居的合院式空间布局秩序逐渐被以小区为单位的高层建筑群所取代。

中原地区的建筑营造工事从古至今，除了在上述不同维度中明显体现出某些内核化的一致性之外，还有很多地方凸显出此类特质，如营造工艺、材料选用、表观色彩等。正是此种一致性的基因，才使得中原建筑遗产一直存在某种形态上的拓扑同构特性，用当前的热点词汇概言之即为"分形"。它是抽象的，普遍存在于中原地区的建筑传统之中，造就了丰富多彩的中原传统建筑文化空间，也为我们探寻当今和未来的建筑营造之道提供了源头活水的滋养。

4.5 对比视阈下中原建筑遗产的阐释与建构思索

近代以来，"以分析为基础，以人为本"的"现代性"，支撑了西方社会的发展。强调理性分析、重视底层逻辑、总结基本原理，这些具有普适价值的理念催生并推动了世界建筑的发展。直至今日,仍值得我们学习和借鉴。

然而,西方进入后工业化社会以来,在"后现代"文化的冲击下,标志着西方核心价值的"现代性"已裹足不前。现代主义被逐渐解构,价值取向碎片化、非理性化的现象开始凸显。特别是后工业社会文明和消费文化相结合,西方建筑出现了一种以"语言"为教条、脱离建筑基本原理、追求视觉刺激的形式主义倾向。正像法国学者居伊·德波(Guy Debord)所说,西方开始进入"奇观的社会",一个"外观"优于"存在"、"看起来"优于"是什么"的社会,在这种社会背景下,有的艺术家声称:"艺术的本质在于新奇,只有作品的形式能唤起人们的惊奇感,艺术才有生命力。"甚至认为"破坏性即创造性、现代性"。

我们在创作中借鉴西方建筑理论,应具有甄别意识,要能够去粗取精、去伪存真。相对于西方以分析为基础、以"语言"为哲学本体的理论体系,可否建构以"语言"为手段、以"意境"为美学特征、以"境界"为哲学本体,这一具有典型东方智慧的中原建筑遗产哲学作为我们建筑创作上推陈出新的理论基础呢?

对于中国建筑师来说,传统与现代,似乎是一对难解的结。在创作中如何借鉴传统,已成为我们长期以来挥之不去的困扰。其实,从根本上说,现代与传统是两个完全不同的时空概念和文化概念,传统将随着社会的发展而延续,当它与现代社会发展相契合时,传统文化必将升华为一种新的文化。现代中国文化源自传统,又完全不同于传统。以建筑论脱离了现代的生活方式、生产方式,特别是现代人的文化理想和审美取向,笼统地讲传统,没有任何意义。问题是该如何借鉴、吸收传统呢?中国传统建筑作为一种文化形态,应作多层次的、由里及表的理解。

理,中国的文化精神,即建筑创作之"道""自然之境""情境合一"。一种东方的创新性思维和审美理想。

形,形式、语言,意、理之外显。"以形写神""言以表意",可见形式语言只是写"神"表"意"的一种手段而非建筑本体。

若非明"形""理"内在之蕴,将无从脱离"形式语言"和"新中式"等表面文章,为此不但将束缚建筑语言的创新发展,还会导致新一轮的"千城一面、万楼一貌"。更为重要的是,这种对传统表面化的解读,极有可能成为中国当代建筑理论和实践创新裹足不前的桎梏。

中原传统文化博大精深,但弘扬传统文化之余,发现和培育能够适应并推动社会发展的中原文化新气象也是当务之急。我们应当重新审视和理解自身文化和传统的发生发展机制,以"抽象继承"的方式来认识传统、借鉴传统。如果简单地将传统文化视同于中国文化,那么,不仅泛化了传统,更重要的是,它掩盖了中国文化转化创新、不断壮大的必要性和可能性。中原文化犹如一条奔腾的大河,它从传统来,但需要不断引入新的源流、汇入当代;必须对当代问题作出清晰的回应,只有这样,中原文化才能强势回归,生生不息。

如果说对中西文化进行比较分析,是为了认清世界文化发展大方向的话,那么,在此基础上进一步建构自己的哲学和美学思想体系则是为了坚定我们的文化自信,以支撑中国现代建筑的创新发展,更是一个值得我们重视并加以研究的重要问题。实际上,百年来,一代代中国学者一直试图摆脱种种羁绊,对中国文化、中国哲学和美学体系进行了研究和探索。例如从王国维先生开始,很多学者就提出把"意境"作为独立的美学范畴,去建构一种具有东方特色的美学体系;近年来,著名学者李泽厚先生也以"该中国哲学登场了"为主旨,提出了以"情本体"取代西方以"语言"为本体的哲学命题。这些哲学和美学思考,是中国学者长期以来,对东西方文化进行深入比较和研究的成果。尽管这些研究还缺乏体系性,目前还很难作为我们创新中国文化的强大支撑,由于建筑的双重性,我们也不能把建筑与文艺完全等同起来,但毫无疑问,这些研究对于我们建构当代中原建筑遗产研究的理论体系和建筑创新有着重要的启示意义。

5

中原建筑遗产的传承与再生

5.1 建筑遗产传承与再生的重要意义

建筑遗产是古代人民营造理念和精神生活的杰出代表，是当今社会传承历史记忆，弘扬人文精神的现实物证，也是体现一个城市文化底蕴的重要标识。妥善做好文物建筑的展示利用工作，不仅是开展文化遗产研究的前提条件，也是历史文脉传承创新的必要手段，对遗产保护、旅游发展和文化教育具有十分重要的意义。

建筑遗产作为一种重要类型的文物遗存，它的传承与再生对于全面落实党的二十大报告中提出的"加强文物和文化遗产保护力度，加强城乡建设中历史文化保护传承"和《国务院关于进一步加强文物工作的指导意见》（国发〔2016〕17号）中要求的"发挥文物资源在促进地区经济社会发展、壮大旅游业中的重要作用，打造文物旅游品牌，培育以文物保护单位、博物馆为支撑的体验旅游、研学旅行和传统村落休闲旅游线路……"等国家层面的相关要求具有理论和实践指导意义。

建筑遗产的合理保护、开放利用有利于改善城市面貌和人居环境，提高人民文化品位，增强城市文化底蕴，使文物建筑成为人们休闲娱乐、陶冶情操、接受传统教育和爱国主义教育的公共场所，让文物保护和经济文化建设实现"双赢"，从而推进文化兴省和文化强市战略的实施和实现。

5.2 中原建筑遗产的开放现状——以郑州为例

以河南为主要代表的中原大地历史悠久，文化灿烂，有大量传统建筑保存至今。郑州作为河南省的省会，地处中华民族腹心重地，素有"天地之中"的美誉。无数先民在这片古老的土地上休养生息，辛勤耕作，其光辉灿烂的历史给世人留下了数量众多的珍贵文化遗产。无论是文物古迹的总量，还是全国重点文物保护单位数量，都位于全国城市前列。这些珍贵的文化遗产，凝聚着中华文明形成和发展阶段最重要的文化信息，反映着中华民族独特的文化传统、价值、信仰，在中华文明发展史上具有无可替代的重要地位。

建筑，作为文化遗产当中最为典型的载体，凝聚的历史信息和文化温度尤为突出。而位于郑州辖区内现存于世的建筑遗产也比比皆是。据统计，郑州现存文物建筑类全国重点文物保护单位（简称国保）30处、省级文物保护单位（简称省保）63处、市级文物保护单位（简称市保）117处（表5.1）。面对众多的建筑遗产，强化对其保护传承的同时如何采取适当措施对其进行活化利用，使其成为服务郑州经济发展的重要力量，是当前亟待思考的重要议题。

表 5.1 郑州现存文物建筑简况一览表（不包括石窟寺石刻等）

编号	名称	时代	地址	级别
1	郑州第二砂轮厂旧址	1964 年	郑州市中原区华山路 78 号	国保
2	郑州二七罢工纪念塔和纪念堂	1971 年、1952 年	郑州市二七区二七广场、钱塘路 82 号	国保
3	郑州清真寺	清	郑州市管城回族区北下街街道办事处清真寺街	国保
4	郑州城隍庙（含文庙大成殿）	明至清	郑州市管城回族区城东路街道办事处商城路 4 号	国保
5	寿圣寺双塔	宋	郑州经济技术开发区黄店镇冉家村东 500 米	国保
6	南岳庙	明至清	登封市大金店镇金中村	国保
7	清凉寺	金至清	登封市大金店镇石崖河村西南	国保
8	观星台	元	登封市告成镇告成村	国保
9	净藏禅师塔	唐	登封市少林街道办事处积翠峰下会善寺西 250 米	国保
10	会善寺	元—清	登封市少林街道办事处太室山南麓积翠山峰下	国保
11	少林寺	唐至清	登封市少林街道办事处少林寺村	国保
12	初祖庵及少林寺塔林	宋—清	登封市少林街道办事处少林寺村少林寺西北五乳峰下龟背形山丘上，少林寺常住院西少阳河北岸	国保
13	少室阙	东汉	登封市少林街道办事处西十里铺村少室山东麓	国保
14	永泰寺塔	唐	登封市少林街道少室山西麓子晋峰下	国保
15	启母阙	东汉	登封市嵩阳街道办事处嵩山村北太室山南麓万岁峰下阴坡上	国保
16	法王寺塔	唐	登封市嵩阳街道办事处嵩山村北太室山南麓玉柱峰西	国保
17	嵩岳寺塔	北魏	登封市嵩阳街道办事处嵩山村西北嵩山南麓	国保
18	登封城隍庙	明至清	登封市嵩阳街道办事处西街村	国保
19	登封崇福宫	清	登封市嵩阳街道办事处嵩山村太室山南麓万岁峰下	国保
20	三祖庵塔	金	登封市嵩阳街道办事处嵩山村北太室山南麓卧龙峰下	国保
21	中岳庙	汉—清	登封市中岳街道办事处中岳庙村东 4000 米	国保
22	太室阙	东汉	登封市中岳街道办事处中岳庙村太室山南麓	国保
23	登封玉溪宫	明、清	登封市唐庄乡土观村西	国保

续表 5.1

编号	名称	时代	地址	级别
24	刘镇华庄园	民国	巩义市河洛镇神北村	国保
25	康百万庄园	明清	巩义市康店镇康南村	国保
26	张祜庄园	清至民国	巩义市新中镇琉璃庙村南 300 米	国保
27	密县县衙	清	新密市城关镇南街村	国保
28	凤台寺塔	宋	新郑市城关乡烈壃坡村东北	国保
29	新郑轩辕庙	明清	新郑市新建路街道办事处北关街黄帝故里景区内	国保
30	千尺塔	宋	荥阳市贾峪镇阴沟村西南	国保
31	国民革命军第二集团军北伐阵亡将士墓地	1928 年	郑州市中原区林山寨街道办事处碧沙岗公园内	省保
32	保吉寨	清	郑州市中原区西流湖公园内	省保
33	胡公祠(含彭公祠)	1925 年	郑州市二七区西太康路人民公园内	省保
34	郑州大学早期建筑	1956—1986 年	郑州市二七区大学路街道办事处大学北路 75 号	省保
35	郑州会议旧址	1956 年	郑州市金水区金水路 105 号	省保
36	毛泽东塑像	1968 年	郑州市金水区经八路街道办事处金水路与人民路交汇处西南角	省保
37	黄河博物馆旧址	1957 年	郑州市金水区人民路街道办事处紫荆山路东侧	省保
38	河南省人民委员会办公旧址	1959 年	郑州市金水区纬二路 10 号	省保
39	河南省实验中学老教学楼	1953 年	郑州市金水区文化路 60 号	省保
40	河南省人民委员会交际处旧址	1954 年	郑州市金水区大石桥街道	省保
41	郑州铁路职工学校旧址(含日本驻郑领事馆)	1921 年	郑州市管城回族区南关街街道办事处东三马路 80 号	省保
42	河南省文化局文物工作队旧址	1954 年	郑州市管城回族区陇海马路街道	省保
43	荥泽县城隍庙	明清	郑州市惠济区古荥镇古荥村	省保
44	黄河第一铁路桥旧址	1903 年	郑州市惠济区古荥镇黄河桥村	省保
45	花园口黄河掘堤处	1938 年	郑州市惠济区花园口镇花园口村东北黄河南岸大堤	省保
46	洇川城隍庙(洇川南城门)	明、清	郑州航空港实验区洇川镇前街	省保
47	方顶村传统民居	明至民国	郑州市上街区峡窝镇方顶村	省保

中原地区建筑遗产保护传承与活化利用研究

续表5.1

编号	名称	时代	地址	级别
48	观沟村重阳观	清	郑州市上街区峡窝镇观沟村	省保
49	清微宫	清	登封市大金店镇三王庄村	省保
50	安阳宫	清、民国	登封市少林街道办事处西十里铺村西4公里少室山脚下	省保
51	龙泉寺	明、清	登封市石道乡石道街西2.5公里龙泉寺村	省保
52	王楼村碉楼	清	登封市石道乡王楼村西	省保
53	登封老君洞	唐—明、清	登封市嵩阳街道办事处嵩山村北嵩山南麓太室山逍遥谷中	省保
54	柏石崖豫西抗日先遣支队后方医院旧址	1944—1945年	登封市徐庄镇柏石崖村	省保
55	登封紫云观	清	登封市颍阳镇冯堂村	省保
56	龙潭寺大殿	清	登封市中岳街道办事处龙潭寺村	省保
57	青龙禅寺	清	巩义市北山口镇北湾村	省保
58	海上桥村传统民居	清	巩义市大峪沟镇海上桥村	省保
59	官殿牛状元府	清	巩义市河洛镇官殿村	省保
60	常香玉故居	1923年	巩义市河洛镇南河渡村	省保
61	兴佛寺	明	巩义市站街镇七里铺村	省保
62	河洛大王庙	清	巩义市河洛镇神北村	省保
63	福昌寺	清	巩义市米河镇高庙村	省保
64	程家大院	清至民国	巩义市米河镇双楼村程家寨	省保
65	涉村东大庙	清	巩义市涉村镇后村东南200米	省保
66	豫西抗日先遣支队司令部旧址	1944年	巩义市涉村镇上庄村西500米	省保
67	巩义豫西行政干校旧址	1944年	巩义市涉村镇浅井村	省保
68	巩义市抗日民主政府旧址	1944年	巩义市涉村镇上庄村	省保
69	孝义兵工厂旧址	1921年	巩义市孝义街道办事处白沙村	省保
70	泰茂庄园	清	巩义市新中镇灵官殿村东北100米	省保
71	杜甫诞生窑	唐	巩义市站街镇南瑶湾村南100米	省保
72	蔡庄文魁坊	明	巩义市芝田镇蔡庄村	省保
73	刘家大院	清	巩义市芝田镇官庄村西南150米	省保
74	启圣阁	清	巩义市芝田镇益家窝村西北,伊洛河东岸	省保

· 58 ·

续表 5.1

编号	名称	时代	地址	级别
75	超化寺下寺	清	新密市超化镇超化村	省保
76	超化寺塔	唐	新密市超化镇超化村	省保
77	密县城隍庙	明清	新密市城关镇南街村	省保
78	法海寺塔	宋	新密市城关镇南街村	省保
79	大隗洪山庙	明	新密市大隗镇陈庄村	省保
80	北召村华严寺	清	新密市牛店镇北召村	省保
81	杨岭塔	清	新密市平陌镇崔沟村	省保
82	屏峰塔	清	新密市青屏街街道办事处韩庄村	省保
83	密县豫西抗日先遣支队司令部旧址	1944 年	新密市伏羲山风景区管委会田种湾村	省保
84	刘堂庙革命旧址	1925 年	新密市白寨镇刘堂村	省保
85	新密禹抗日民主政府旧址	1945 年	新郑市具茨山国家森林公园管委会驮窑村	省保
86	卧佛寺塔	明	新郑市新建路街道办事处西街卧佛寺巷西	省保
87	新郑考院	清	新郑市新建路街道办事处考院街	省保
88	秦氏旧宅	清	荥阳市高村乡油坊村	省保
89	中共油坊地下联络站旧址	1944—1945 年	荥阳市高村乡油坊村	省保
90	无缘真公禅师塔	明	荥阳市贾峪镇寺河村西侧岗上	省保
91	马沟清真寺	清	荥阳市贾峪镇马沟村	省保
92	董天知故居	1911 年	荥阳市索河街道办事处城关村	省保
93	韩凤楼故居	1918 年	荥阳市索河街道办事处城关村	省保
94	郑州纺织工业基地	20 世纪 50 年代	郑州市中原区棉纺路一带	市保
95	后仓关帝庙	明清	郑州市中原区西流湖街道办事处后仓村	市保
96	臧氏家庙	清	郑州市二七区马寨镇坟上村	市保
97	吉鸿昌烈士墓	1964 年	郑州市二七区郑州烈士陵园内	市保
98	毛主席视察燕庄纪念地	1958 年	郑州市金水区金水东路原燕庄村	市保
99	熊儿桥	清	郑州市管城回族区南关街熊儿河上	市保
100	豫丰纱厂旧址及国棉二厂住宅楼	民国、1954 年	郑州市管城回族区豫丰街	市保
101	马村红光寺	明、清	郑州市惠济区古荥镇马村	市保

续表 5.1

编号	名称	时代	地址	级别
102	毛主席视察黄河旧址	1952年	郑州市惠济区古荥镇黄河桥村小顶山	市保
103	孔氏家庙	清	郑州市惠济区古荥镇南大街	市保
104	古荥李氏民居	清	郑州市惠济区古荥镇南大街	市保
105	古荥公社影剧院	1958年	郑州市惠济区古荥镇西大街路南	市保
106	毛主席郑州会议住地	1958年	郑州市惠济区黄河迎宾馆8号楼	市保
107	弓寨民居	明、清	郑州市惠济区新城街道办事处弓寨村	市保
108	东史马民居	清	郑州高新技术产业开发区沟赵办事处东史马村	市保
109	水牛张张氏祠堂	清、民国	郑州高新技术产业开发区沟赵办事处水牛张村	市保
110	列子祠	明清	郑州市郑东新区圃田乡圃田村北	市保
111	马固王氏宗祠	明	郑州市上街区峡窝镇马固村	市保
112	卢医庙	明	郑州市上街区峡窝镇上街村	市保
113	登封抗日县政府旧址	1944年	登封市白坪乡东白坪村	市保
114	中正堂	民国	登封市大金店镇大金店东街	市保
115	登封市第一次党代会旧址	1938年	登封市大金店镇袁桥村	市保
116	红石头沟登封县抗日民主政府旧址	1944年	登封市君召乡红石头沟村	市保
117	海渚村九龙圣母庙	清	登封市君召乡海渚村	市保
118	景店烈士陵园	1948年	登封市卢店镇景店村东	市保
119	日军侵华飞机场	1944年	登封市少林街道办事处耿庄村北	市保
120	广惠庵	清	登封市少林街道办事处塔沟村古轘辕关西	市保
121	莲花寺	民国	登封市少室山莲花峰下	市保
122	石道粮库	1970年	登封市石道乡石道街东部	市保
123	当阳桥	1960年	登封市石道乡后河村东	市保
124	李家门中岳行宫	明清	登封市石道乡李家门村西南	市保
125	济渎庙	明清	登封市石道乡张家门村北	市保
126	三极圣母宫(含天池)	清	登封市嵩山峻极峰松树注	市保
127	白鹤观	清	登封市嵩山太室山三鹤峰上	市保
128	炼丹庵	唐	登封市嵩山太室山玉柱峰东	市保
129	峻极宫	清	登封市嵩山太室山玉柱峰南	市保
130	耿介故居	清	登封市嵩阳街道办事处文明巷	市保

续表 5.1

编号	名称	时代	地址	级别
131	鹅沟八路军河南军区电台旧址	1945 年	登封市徐庄镇柳泉村鹅沟自然村	市保
132	豫西抗日先遣支队南王山突围战指挥部旧址	1945 年	登封市徐庄镇杨林村	市保
133	豫西抗日军政干部学校杨林分校旧址	1945 年	登封市徐庄镇杨林村	市保
134	水峪寺	清	登封市徐庄镇何家门村西南	市保
135	冯沟中岳行宫	金至清	登封市颍阳镇冯沟东岭上	市保
136	玄都观	清	登封市颍阳镇安寨村东	市保
137	万嵩寺	清	登封市颍阳镇车窑村	市保
138	东施村戏楼	清	登封市大冶镇东施村	市保
139	梁氏拳坊	清	登封市东华镇骆驼崖村	市保
140	秉礼学校旧址	民国	巩义市西村镇西村西南	市保
141	白窑刘氏民居	清	巩义市北山口镇白窑村	市保
142	张静吾故居	民国	巩义市站街镇北窑湾村	市保
143	周氏民居	民国	巩义市站街镇七里铺村	市保
144	王小六民居	民国	巩义市站街镇七里铺村	市保
145	清西张家祠堂	清	巩义市回郭镇清西村西南	市保
146	龙兴寺	清	巩义市回郭镇李邵村	市保
147	鲁庄望乡楼	明	巩义市鲁庄镇鲁庄村	市保
148	五八年钢铁大会战遗址（包括瑶岭、张沟、关帝庙、丁沟）	1958 年	巩义市夹津口镇丁沟村、鲁庄镇关帝庙村、西村镇张沟村、瑶岭村	市保
149	石井三官庙	清	巩义市夹津口镇石井村	市保
150	卧龙吴氏山庄	清	巩义市夹津口镇卧龙村	市保
151	韩维周故居	清、民国	巩义市康店镇马峪沟村	市保
152	八路军太行第八军分区情报处张岭联络站旧址	1946 年	巩义市康店镇张岭村	市保
153	余明礼烈士旧居	1944 年	巩义市米河镇水头村大路坡	市保
154	万泉楼	民国	巩义市西村镇东村村	市保

续表5.1

编号	名称	时代	地址	级别
155	嵩山八路军抗日工作站旧址	1944年	巩义市小关镇水泉沟村	市保
156	崔氏祠堂	清	巩义市孝义街道办事处桥上村	市保
157	老庙	明	巩义市新中镇老庙村西南	市保
158	龙窑	清	巩义市站街镇北窑湾村	市保
159	王家祠堂(王抟沙小学旧址)	清、民国	巩义市站街镇北窑湾村	市保
160	郑氏石坊	清	巩义市站街镇仓西村	市保
161	中央领导人视察竹林会议旧址	当代	巩义市竹林镇竹林村	市保
162	张相周故居	清—民国	巩义市大峪沟镇杨里村	市保
163	柏林魁星楼	清	巩义市大峪沟镇柏林村	市保
164	赵公桥	明	巩义市紫荆街道办事处北官庄村西	市保
165	孔庙	清	新密市城关镇东街村	市保
166	桧阳书院	清	新密市城关镇东街村	市保
167	修德观	清	新密市大隗镇观寨村	市保
168	山头湾夜校农民协会旧址	近现代	新密市大隗镇进化村	市保
169	药王庙与老君庙	清	新密市来集乡李堂村	市保
170	杨万辉故居	清	新密市来集镇马武寨村	市保
171	吕楼村吕氏古民居	明、清	新密市刘寨镇吕楼村	市保
172	云岩宫	清	新密市刘寨镇刘寨村西南	市保
173	宋家楼院	明清	新密市刘寨镇宋寨村	市保
174	"镇远"炮台	清	新密市米村镇茶庵村风门口	市保
175	助泉寺	明清	新密市牛店镇助泉寺村西	市保
176	白龙庙	清	新密市平陌镇白龙庙村	市保
177	报恩寺	清	新密市西大街街道办事处前士郭村南	市保
178	郭氏祠堂	清	新密市新华路街道办事处五里店村	市保
179	密县地委旧址	1938年	新密市岳村镇驼腰村	市保
180	乔地村郎君庙	明、清	新密市岳村镇乔地村	市保
181	郑氏祠堂	清	新密市岳村镇岳村村	市保
182	密南抗日根据地旧址	1945年	新密市超化镇楚岭村	市保

续表 5.1

编号	名称	时代	地址	级别
183	王沟村梁氏家祠	民国	新密市超化镇王沟村	市保
184	崔庄村白龙庙	清	新密市超化镇崔庄村	市保
185	兴隆寺	清代	新密市苟堂镇靳寨村	市保
186	王寨村王氏祠堂	清	新郑市城关乡王寨村	市保
187	乾门史氏民居	清	新郑市观音寺镇乾门村	市保
188	陆庄村高氏民居	清	新郑市和庄村陆庄村	市保
189	新郑古禅寺	清	新郑市具茨山国家森林公园管委会张家庄村	市保
190	炮楼	民国	新郑市梨河镇高辛庄村西北	市保
191	黄桥村石桥	清	新郑市梨河镇黄桥村南	市保
192	人和寨村惠济桥	民国	新郑市辛店镇人和寨村东	市保
193	中共新郑县委旧址	1933 年	新郑市辛店镇人和寨村	市保
194	大汉窑村赵氏民居	清	新郑市辛店镇大汉窑村	市保
195	前小庄村赵氏祠堂	清	新郑市辛店镇前小庄村西	市保
196	铁炉村王氏祠堂	清	新郑市辛店镇铁炉村	市保
197	人和寨刘金山民居	清	新郑市辛店镇人和寨村	市保
198	白氏祠堂	清	新郑市辛店镇辛店村	市保
199	水月寺	明	新郑市辛店镇岳庄村南	市保
200	鉴忠堂宝谟楼(接旨亭)	明	新郑市新建路街道办事处向阳街西接旨胡同	市保
201	秦氏家庙	清	荥阳市高村乡油坊村	市保
202	大师姑兴国寺	清	荥阳市广武镇大师姑村	市保
203	苏寨民居(含家庙)	明清	荥阳市广武镇苏寨村	市保
204	豫西抗日先遣支队第二卫生所旧址	1944—1945 年	荥阳市环翠峪管委会三坟村	市保
205	荥汜县抗日民主政府旧址	1944—1945 年	荥阳市刘河镇肖家门村	市保
206	胜利渠	1975 年	荥阳市索河至巩义市小里河	市保
207	中牟老火车站	1944 年	中牟县城东南	市保
208	邵岗集火车站候车室	20 世纪 30 年代	中牟县官渡镇许村西南	市保
209	瓦坡申家楼	清	中牟县狼城岗镇瓦坡村	市保
210	王在之故居	民国	中牟县刘集乡大冉庄村东南	市保

这些建筑遗产在郑州市域范围内的分布并不均匀,总体上呈现出较为明显的集聚特性。特别是登封、上街、荥阳、新密、巩义等现今还保存有大量传统村落的地区,建筑分布明显较其他区域更为密集,也从侧面彰显出这些地区深厚的历史文化底蕴和氛围。

在文物建筑开放利用方面,郑州市采取"维修一处、开放一处"的措施,根据建筑所在位置、建筑风貌、历史内涵等不同特点,充分发挥文物建筑的社会价值,采取作为参观游览场所、爱国主义教育基地、办公场所、博物馆展览馆等多种形式进行开放利用。目前市内文保单位中文物建筑的保护利用方式,既有值得推广的范例(如沿用原有功能或辟为博物馆、纪念馆),也存在各种不当利用情况(如作为经营场所等)。开放情况有以下特点:

(1)文物建筑类文物保护单位绝大部分已实现了开放。但多数为自然开放,有管理机构或作为景区开放的所占比例较小。未开放的文物建筑,一方面是因为地理位置,如净藏禅师塔、清凉寺位于军事管理区,难以做到开放;二是由于产权原因,部分民居如苏寨民居、东史马民居等产权为个人所有,处于无人看管或有人居住状态,难以对外开放;三是因为作为办公场所使用等原因,暂时无法对外开放,如黄河博物馆旧址,目前由嵩山文明研究院使用,暂时不具备开放条件。一些文物建筑由于文物价值高或正在使用等原因,暂时只能做到对特殊人群开放。如汉三阙中的太室阙由于历史价值高,考虑到文物保护问题,虽然有专门的保护管理机构,但只对特殊人群开放。

(2)文物建筑开放利用程度与文物保护单位级别密切相关。文物保护级别越高的文物建筑,开放比例越大。如级别为全国重点文物保护单位的文物建筑,开放比例已达到了80%,且绝大多数都有专门的保护管理机构。而已开放的文物建筑,多数都有专业的保护管理机构,并已形成了成熟的参观游览景点,如少林寺、中岳庙、嵩岳寺塔等。

(3)文物建筑开放利用程度受地理位置影响较大。位于郑州市中心城区或各县(市)中心城区的文物建筑,由于地理优势,几乎全部实现了开放。如郑州城隍庙、郑州文庙,不仅是办公场所,还免费开放。除此之外,每年文庙还举行撞钟迎新年、祭孔大典等社会活动,既展示了文物本体的文化价值,也切实达到了服务社会的作用。位于偏僻城郊的大部分文物建筑属于自然开放模式,既没有专属的管理机构,也没有专业的管理人员,且多数为宗教活动的场所或民居类建筑,存在管理方和使用方责任不清等问题。如登封的省级文物保护单位玉溪宫、市级文物保护单位万嵩寺,虽然文物本体已进行了修缮,但由于地处偏远,并没有进行合理利用,目前由业余文物保护员巡视管理。

(4)文物建筑开放利用公益性较强。已开放的文物建筑中,目前有14处为收费开放。收费的文物建筑均为较为成熟的景区,且多为公司运营体制,如少林寺、中岳庙是由专门的公司代理经营景区总体旅游业务,其文物本体分别由遗产点的业主单位管理。

(5)文物建筑开放形式较为单一。绝大多数文物建筑只有参观游览功能,少数文物建筑除了参观游览功能外,依托建筑本体辟为博物馆、展览馆等文化展示场所,个别产权为个人所有的文物建筑如古荥影剧院目前作为饭店经营,功能为经营服务。

5.3　中原建筑遗产的保护策略

5.3.1　注重日常保护、做好科学监管

保护之道,管理先行。若要实现对珍贵建筑遗产的有效保护,首先要做的就是要依照国家相关的法律、法规及规范性文件要求,在充分调研的基础上,针对不同类型、不同等级、不同分布状态的建筑遗产研究制定切实可行的保护管理制度体系,为建筑遗产的保护提供强有力的政策支撑。

其次要不断提高管理人员专业水平。面向一线工作人员定期举办建筑遗产保护培训,及时下达国家及省市层面关于建筑遗产保护的最新法律法规及政策要求。聘请国内和省内知名专家就建筑遗产保护领域的相关法规政策和技术规范进行深入解读,传授建筑遗产保护修缮专业知识等,卓有成效地提高工作人员的专业水平及文物保护意识。

再次是要注重建筑遗产的日常管理和维护。职责下沉,各县(区)文物管理部门及相关单位要做好各自管辖范围内的建筑遗产例行巡视检查计划,加强对建筑遗产的保存状况、使用情况等方面的常态化监察,及时对所发现的病害威胁及安全隐患进行妥善处理,使建筑遗产能够始终保持良好的存续状态。

最后是要落实经费保障,为保障工作能够顺利开展提供坚实的资金支持。需结合郑州市域范围内建筑遗产数量众多,位置分散,尤其是较低等级(市/县/未定级文物保护单位)的建筑遗产不仅量大而且保护状况不佳的特点,采取分级划拨资金、分批拨付经费的方式开展具体的保护工作。对于需要进行本体维修的世界文化遗产、全国重点文物保护单位和省级文物保护单位,按照上级文物部门的要求,委托高水平的设计单位编制立项报告和保护维修方案,争取国家级和省级文物保护专项经费,同时积极协调市级文物保护资金进行配套补助,保障建筑遗产的保护修缮工程能够顺利实施。对于市县级及未定级不可移动文物,应结合实际,鼓励各市、县政府统筹利用本级财力,政府一般债券和上级文物保护专项经费,分轻重缓急实施保护修缮工作。

5.3.2　规范方案编制、加强施工管理

勘察设计是建筑遗产保护修缮工程开展的重要前提。保护修缮方案编制阶段就必须委托高水平团队操刀编制建筑遗产的保护规划或维修方案,并在方案评审和竣工验收环节邀请行业知名专家全程把关,确保工程质量。

近年来,国家在文化建设方面愈发关注,全国各地在文物保护领域的经费投入亦不断加大。郑州各县、区每年开展的建筑遗产保护维修工程数量逐步增多,参与队伍不断增加,社会关注日益提高。为确保工程质量和避免不必要的浪费,需要在工程施工过程中组织专家定期进行现场检查,提前发现问题,及时整改问题。工程竣工后,对于较高等级(国保、省保)的建筑遗产应组织业内知名专家进行初步验收,发现问题后责令施工单位整改,并于整改完成后进行最终验收,切实保证建筑遗产的修缮质量能够满足国家相关规范的要求。对

于那些数量众多的较低等级(市保、县保或未定级)建筑遗产而言,因其量大面广,所承载的历史文化内涵同样十分丰富,当然也需要组织行业专家对保护修缮工程进行竣工验收,确保修缮效果和质量。文物保护管理部分应定期对建筑遗产保护修缮工程的质量、进度、施工管理等环节当中发现的问题进行总结,对于优秀案例可考虑以不同形式予以通报表扬,作为范本号召行业人员见贤思齐。同时对于工程质量不过关、有悖遗产保护原则的工程,也要树立行业负面清单和典型,要求整改的同时总结经验教训,避免日后再犯。

5.4 中原建筑遗产保护传承典型案例

截至目前,以郑州为代表的中原地区已完成为数众多的各级各类建筑遗产保护修缮工作。上至全国重点文物保护单位,下至未定级的不可移动建筑类文物保护点,都不乏优质保护修缮工程案例。按照中国古代建筑功能类型的不同,分别以传统木构和古塔两类举例分析如下。

5.4.1 传统木构类建筑遗产保护传承案例

5.4.1.1 中原地区传统木构类建筑遗产概述

以郑州为核心的中原地区自古便是兵家必争之地,朝代更迭的兴衰演替多次在此地上演,也因此保存下了许多记载着历朝历代文化信息的建筑,它们作为真实的历史见证向世人从未间断地诉说着当年的那些事。这些传统建筑从材料及营造工艺方面而言,以抬梁式木构架和砖石砌体为主,可谓是中原地区传统木构的典型代表。这些木构建筑可从多个不同的角度进行分类,中国古代建筑史学界对于华夏传统木构类建筑最常用的分类方式莫过于屋顶形式了,常见的类型有庑殿、歇山、悬山、硬山、攒尖等基本型,其等级秩序依次降低。当然还有以基本型为母题,分别在水平和垂直方向采用不同方式的组合而形成造型各异的屋顶式样。中原地区现存传统木构以硬山居多,但因其构造较为简单,价值相较于更少见的歇山和庑殿建筑而言略逊一筹。歇山建筑可谓是构造最为复杂的一种传统木构类型,因其等级较高,且选材和营造工艺都相对较为考究,所蕴含的历史文化、科学艺术及社会经济等方面的价值更高,堪称某一特定地域建筑遗产的典型代表,对其的保护传承意义重大。因而本书拟选取郑州一处歇山建筑遗存作为研究案例,对其的保护传承工作加以重点阐释。

5.4.1.2 研究案例——新密洪山庙

新密市位于河南省中部的嵩山东麓,隶属省会郑州,东临新郑,南靠禹州,西与登封接壤,北和荥阳毗邻,东北与郑州市区搭界,西北与巩义市同山相依。

新密历史悠久,溱洧二水左右襟带,大隗具茨环列为屏,溱洧两岸古文化遗址密布,李家沟遗址距今约 1 万年,莪沟北岗裴岗遗址距今约 8000 年。在全市范围内发现有裴李岗文化遗址 18 处、仰韶文化遗址 37 处、龙山文化遗址 46 处,其他还有二里头和二里岗等文化遗址多处。特别是溱洧二水交汇处的中心区域内,有黄帝古都轩辕丘;黄帝先祖少典氏的方国有熊之墟;黄帝后裔祝融、邻人和郑武公在此建都的祝融之墟、邻国故城和古郑城;还有夏启建都的新寨遗址;西周密人建国的密国都城;炎帝时补人建都的补国城,这些大小带有都邑性质的古城址共有 11 处,形成一个引人注目的古都群,成为华夏文明的重要历史见证。

洪山庙位于新密市东南的大隗镇陈沟村洪山庙自然村内。背依洪山土岭,北邻洧水。其距离周边镇区(即大隗镇、苟堂镇、关口镇、辛店镇、尚庄镇、刘寨镇)平均5 km;密杞铁路穿村东西而过,南北郑尧高速两个出口距此也不足6 km,交通便利。

(1)新密洪山庙赋存环境条件分析

新密地势西高东低,西、北、南三面环山,中部丘陵绵亘,沟谷纵横,东部为平原,形如簸箕。山地、丘陵和平原面积分别占全市总面积的21.2%、57.3%和21.5%。河流属淮河水系,西北山区部分水流注入黄河。主要河流有洧水、溱水、绥水等。

新密地处东亚大陆内部的豫西山区,属暖温带大陆性气候。夏季炎热,冬季严寒,气候干燥,雨雪较少,四季分明,季风转换明显。年平均气温14.3 ℃,七月份极端气温42.1 ℃,平均气温26.9 ℃;一月份的极端气温零下14.3 ℃,平均气温0.4 ℃。年均积温5224.5 ℃,无霜期222天,年均日照2134.2小时。年均降水量658.4 mm,多集中于夏季,降水日数90天。多东北风,年平均风速2.8 m/s,大风天气18天。干旱十年五遇,春旱较多,伏旱次之。干热、暴风雨和冰雹天气年均6~7天。

大隗洪山庙建筑群在2019年修缮前保存状况不佳,各文物建筑单体均有不同程度的残损,主要是其所在地各种自然环境因素长期作用所致。在这些自然因素的长期作用下,文物建筑本体的损毁经历了一个从量变到质变的过程。对这些自然因素的分析研究有助于我们更加客观地弄清楚各种损毁迹象的成因所在,从宏观层面将可能对其安全性产生影响的自然条件分析叙述如下:

①自然降水

新密市地处中纬度地带,冷暖气团频繁交替,雨降变率较大,常出现年际变化大、时空分布不均现象。通过前文所述可以看出,新密市的降水多集中于夏季。据1992年《密县志》记载:"降雨量分布情况以西北尖山、西南部的侯家坪及南部的大隗山为降水量较多地区,中部和东部河谷平原较少。"由此可见,每年夏季较为集中的降水作用于洪山庙文物建筑本体后将会对其产生一定的破坏,破坏力主要表现在:首先,降水使文物建筑屋面瓦件松动,水体下渗可能会造成屋面望板受潮并逐渐糟朽而使屋面漏雨,进而影响建筑内部的木构架等;其次,屋面泥背在夏季高温天气长期处于饱水环境也将为植物的生长提供良好环境,造成屋面杂草丛生,从而进一步加剧文物建筑的屋面损毁;再次,长期的雨水产生的潮湿环境会加剧文物建筑外墙及院内地砖等的酥碱。

②区域气候及灾害性天气

新密市冬春季受蒙古高压南下势力的影响,一般盛行北风;夏季受东南季风影响,一般为东南风;秋季、春季以东风和西风为多,全年的盛行风向是西风、西北风和东风、东北风(图5.1)。因受冷暖气团交替影响,新密市大陆性季风气候特别明显,所以干旱、暴雨、连阴雨、霜冻、雨凇、大风、低温、干热风等灾害性天气较多,尤其干旱、雨涝、干热风危害性较大。由此可见,洪山庙古建筑群暴露于自然环

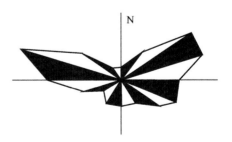

图5.1　新密市风向频率玫瑰图

中原地区建筑遗产保护传承与活化利用研究

境之中,且地势较高(特别是位于北侧第二进院落的寝宫及两侧厢房),周边没有建筑或自然山体等遮挡物,长年累月的大风、雨涝等自然灾害性天气势必给建筑本体造成极大的损害,主要表现在建筑外墙材料风化、剥蚀、酥碱,土体脱落、崩裂,砖砌体表面剥落,雨雪侵袭、温差剧变等自然环境因素也会引起砖砌体冻融酥碱和建筑屋面瓦件的炸裂等。

③地震灾害

据《密县志》记载:洪山庙所在地大隈镇的地质构造属于复向斜的次一级褶皱——大隈镇向斜,且此处无断裂构造,从地质学上来讲不易发生地震,基底比较稳定,附近也缺乏区域性的活动断裂,因此区域稳定性较好。由此可见,地震灾害对大隈洪山庙文物建筑的影响较小。根据《建筑抗震设计标准》(GB/T 50011—2010)附录 A 显示,新密设计地震分组为第一组,抗震设防烈度为 7 度,设计基本地震加速度值为 0.10g。

④水文地质

地表水:洪山庙周边附近区域无明显的地表水。

地下水:洪山庙所在的大隈镇属地下水一般富水区,地下水位埋深 50~70 m 左右,洪山庙古建筑群均为单层建筑,基础埋深较浅,故地下水不会对建筑的基础稳定性产生影响。

洪山庙古建筑群北侧寝宫院落所处位置较高,但其周围已于近年砌筑护坡挡土墙一道,有效抵御了水土流失可能对建筑整体安全及稳定性产生的影响。

⑤动植物影响

洪山庙所处的洪山庙自然村地理位置较为偏僻,周围自然生态环境较好。庙宇东、南侧现状为一片树林,植被茂盛,主要树种有泡桐、刺槐、国槐、榆树、椿树等;西侧和北侧紧邻洪山庙自然村。从积极层面来讲,良好的自然生态环境给洪山庙古建筑群营造出一种古朴、庄重、天人合一的美学氛围;从自然环境方面完美彰显了洪山庙所宣扬的道家崇尚自然的精神和信仰。但从消极层面上讲,良好的自然生态环境也产生了很多对于古建筑保护与保存非常不利的动植物因素影响,如虫害、鸟害、植物根系对古建筑屋顶、院落地面的破坏等。

⑥人为因素影响

洪山庙定期或不定期举办的法会活动,以及不断到洪山庙上香祈福的香客焚烧供香所产生的烟雾对古建筑的保护与保存是较为不利的,且存在一定的火灾安全隐患。

(2)新密洪山庙的历史沿革

洪山庙,又名普济观,是为纪念洪山真人而修建的庙宇,创建于元代元顺帝至正二年(1342 年),明清时期,进行大规模扩建。目前建筑布局保存有山门、大殿、后殿、药王殿、祖师殿、钟楼等建筑 16 座,碑刻 30 余通。其中仅有洪山真人大殿保存较好,据碑文记载,洪山真人大殿建成于明朝正德六年(1511 年)十一月十日,其余建筑均因后人多次不当修缮而改动较大。现存寺院格局基本为明清时期所奠定。1987 年 3 月 4 日,洪山庙被公布为郑州市文物保护单位。2008 年 10 月被公布为河南省文物保护单位。

(3)洪山真人大殿的建筑形制

洪山庙古建筑群在总体空间布局上呈中国传统建筑组合最常用的合院式布局,由两进院落组成,坐北朝南,前低后高。第一进院由山门、洪山真人大殿及左右两侧配房组成,

· 68 ·

配房原物已毁,现存建筑为后人重修,东侧为药王文昌财神殿,西侧为奶奶殿,此外,院内空地上摆放有碑刻5通,其中除1通为今人所立之外,其余4通碑刻均为附属文物;第二进院位于高岗上,院落室外地坪平均高出一进院室外地坪5.3 m有余,由洪山真人寝宫、两侧配房及钟楼组成,钟楼原物已毁,现存建筑为后人新建。

现存大殿重建于明朝正德六年,为洪山庙主体建筑,东西长12.48 m(轴线距离),南北宽6.44 m(轴线距离),高约8.5 m,建筑面积94.36 m²。面阔五间,进深三间,单檐歇山顶建筑,铃铛排山。殿内正中洪山真人高坐神台,左右侍者二人(原洪山真人像为铜胎,1952年农会时被毁,像前原站立铜牛铁马各一,清乾隆十一年被盗走)。殿身七梁起架,24根柱子分四排,每排6根,除第二排中间4根为红漆木柱、第三排中间4根为浮雕青石蟠龙柱外,其余16根为八角形青石柱。4根蟠龙柱的上端,雕着神话上八仙故事人物,下端雕着传说二十四孝故事人物,兼饰麒麟、雄狮、凤凰、火鸡等祥兽瑞禽,每根蟠龙的上柱头东面都镌刻着捐柱信士的籍贯姓氏,钧州、登封、山西潞州、绛州各一,后金蟠龙石柱采用覆盆柱础,表面雕饰莲瓣,是河南地区明中晚期建筑的典型做法,前金柱为木质,柱下施鼓镜柱础,又是河南地区清式建筑营造当中常用的柱础样式(图5.2)。檐下四周平板枋上施五铺作重拱双下昂计心造里转五铺作单拱出双杪并计心斗拱,后尾施挑杆,搭接于前下平槫下部襻间枋下,此为模仿宋代常用于斗拱之中的挑斡做法。拱眼壁上绘有28幅元明时期戏曲舞台彩色人物造型画像,现已模糊不清;外斗拱眼壁彩绘神话故事人物28幅,大部分也已模糊不清。大殿两侧山墙外墙采用青砖砌筑,多层一丁淌白十字缝组砌做法,内墙亦采用青砖砌筑,多层一丁丝缝十字缝组砌做法;后檐墙和前檐下槛墙内墙面采用青砖砌筑,多层一丁丝缝十字缝组砌做法,外墙亦采用青砖砌筑,多层一丁淌白十字缝组砌做法;地面采用条砖十字缝铺墁,屋顶檐椽亦采用"乱搭头"的布设方式,所有木构件表面遍施素装彩绘,金厢装修采用隔扇门和隔扇窗,棂条采用"码三箭"的构图布设,檐下斗拱拱身端部上留一下为弧形而未施拱瓣,坐斗稍存斗颐(约5 mm),明、次间平身科斗拱均未超过2攒,昂用假昂,后尾采用袭古的"挑斡"做法(图5.3),且昂嘴为圭形,圭面的底宽大于边高,耍头雕为云头状等,斗拱各组成构件的形状做法体现出极为典型的明代建筑的时代特征。从上述种种现存建筑构件的构造特征来看,洪山真人大殿较为完好地体现出明代建筑的时代特征及以河南为中心的中原地区地方建筑手法。

图5.2　1956年拍摄的洪山真人大殿照片

图 5.3　假昂后尾袭古的"挑斡"做法

殿内洪山神像后,穿后壁有一砖券洞,即"仙人洞",相传为洪山真人墓室。券洞净宽 1.74 m;净高分两部分,出入洞口处为 2.04 m,内室为 1.92 m;券洞深 4.51 m。券洞的尽端为一墙壁,与后部的土台相连,墙壁前设供桌,其上供奉洪山真人灵位。

(4)新密洪山庙的价值构成及评估

①历史价值

洪山庙始建于元,自元、明、清至今,经历代修葺,其历史格局保存完整,尤其是庙内洪山真人大殿,为保存至今较为完整的明代建筑,构件多为原构,真实性强,完整度高,具有极高的历史价值。院内保存下来的 30 余通碑刻佐证了洪山庙兴衰的历史,记录了洪山文化的演变,亦具有极高的历史价值。洪山文化历史悠久,源远流长。全国各地很多地方都有洪山庙或洪山寺,仅河南就有三个洪山庙,分别位于新密、许昌和汝州。查相关文献得知,新密洪山庙乃是全国洪山庙之根本,各地洪山文化的传承都源于此,新密洪山庙是洪山文化的重要历史见证。

②艺术价值

洪山庙依山而建,自元代创建以来,院落布局保持至今,其院落依据山势,错落有致,既保持着中国传统院落的特点,又结合自然地形,表现出了我国建筑群体布局的艺术性。

洪山真人大殿内有四根浮雕青石蟠龙柱,每根柱身都雕有龙纹,龙姿有二龙戏珠、二龙闹海、二龙相斗等,有升有降,怒目利爪,鳞闪须飘。龙身周围衬托着流云烟火,可谓神龙活现。柱的两端各雕有麒麟、仙鹤、蟾蜍、雄狮、二十四孝图案,各具形态,惟妙惟肖。殿内檐下四周的铺作层拱眼壁上布满壁画,内容多为古代戏曲画像,人物姿态栩栩如生,引人入胜。

③科学价值

洪山真人大殿为明代建筑,虽后有修缮,但基本保持了明代建筑风貌,且其木构架基本为明代原构,为研究明代中原地区歇山式木构架建筑的地方手法及时代特征提供了极好的实物例证;新密洪山庙的寺院格局及各个建筑单体总平面布局组合方式为研究洪山文化的寺院空间布局提供了实物例证;殿身檐下铺作层斗拱的构造方式承袭宋代铺作层常用的"挑斡"做法,目前在河南乃至中原地区极为罕见,具有极高的科学研究价值。

④社会价值

洪山文化拥有一定的信仰基础,新密洪山庙作为全国洪山庙的根源,具有极大的号召力,各地修葺或修建洪山庙,都要来此寻根问祖,更显示出了新密洪山庙所具有的文化凝聚力。据碑文载,自元、明至今,每年清明节,各地商人云集洪山庙会,购买药材,洪山庙会是新密市最大的中药材交易市场。这不仅是洪山文化的传承,而且方便了百姓生活,甚至为当地的经济发展也做出了贡献。洪山庙的修建和历代修葺,既体现了人们对真善美的追求和美好生活的向往,又传承了洪山文化,弘扬了洪山精神,并对地方经济发展起到了促进和推动作用。新密市文化底蕴深厚,历史渊源,自然景观迷人,随着文物保护步伐的逐渐加快、文化旅游事业的迅速发展,洪山庙作为优秀历史文化的物质载体,如能合理利用,将发挥出更大的社会效益和经济效益。

(5)新密洪山庙洪山真人大殿的保存现状及残损情况界定

由于风雨侵蚀及冻融作用等自然因素的影响致使各文物建筑外墙普遍出现不同程度的酥碱、剥蚀,局部出现裂缝;建筑屋顶普遍长有杂草;所有建筑木构架表面均存在不同程度的裂缝;柱、梁、枋、檩、椽、望等木构件局部变形、歪闪、脱榫现象普遍存在,局部较为严重;由于年久失修,建筑木构件局部缺失,被后人替换、改建、加建等现象屡见不鲜。

洪山真人大殿主要存在以下问题:①室内外地面、散水均被破坏;②所有梁架、斗拱均有不同程度的糟朽、拔榫、劈裂、虫蛀;③木基层表面有不同程度的糟朽、劈裂,望砖表面酥碱,屋面漏雨,脊饰断裂、松动。根据古建筑维修级别划分的标准,对照该建筑残损情况,其建筑整体残损程度应列为Ⅱ类。其残损勘测情况如表5.2所示。

表 5.2　洪山真人大殿残损勘察表

序号	名称	残损位置、性质、程度	损坏原因	残损点评定界限	残损程度评估	备注
1	台基	四周散水均被破坏,散水砖缺失,东侧地面抬高 20 cm	人为改造致使地面抬升	散水失去功能,均已破坏	已构成残损点	待查
		前檐踏步缺失,现为水泥踏步;台面东、西两侧均被抬升的室外地面掩埋,东侧表面被水泥抹面覆盖,西侧被淤土掩埋,残损情况均不明。现存前檐台明上表面局部和陡板砖表面被水泥抹面覆盖	人为不当改造及环境演变	人为改造,缺失、脱落	已构成残损点	

续表 5.2

序号	名称	残损位置、性质、程度	损坏原因	残损点评定界限	残损程度评估	备注
2	地面	保存状况较为完好	—	—	未构成残损点	
3	墙体	墙体外部灰缝大部分脱落,顶部砖全部松动	年久失修自然脱落	影响建筑的完整性及观瞻效果	已构成残损点	
		除后檐墙外,其余外墙下部高1.2 m范围均被后加水泥抹面覆盖	后维修不当加建	影响建筑的完整性、原真性及观瞻效果	已构成残损点	
		前檐西侧槛墙全部为后人砌筑	后维修不当改建	影响建筑的完整性、原真性及观瞻效果	已构成残损点	
		后檐墙下部酥碱高1~2 m,深0.5~1.5 cm,顶部局部为后人砌筑	自然损坏后改建		已构成残损点	
		后部洪山真人墓道券洞顶部为水泥抹面覆盖	后维修不当加建	影响建筑的原真性及观瞻效果	已构成残损点	
		内墙粉刷全部空鼓、脱落	自然损坏		已构成残损点	
4	柱子	影响建筑的完整性、原真性及观瞻效果	自然损坏	影响建筑的完整性及观瞻效果	未构成残损点	
		明间东缝柱子裂缝一道长200 cm,宽0.1~0.2 cm;墙内柱子其余部分无法勘察,待施工时勘察	自然干缩产生裂缝	构件裂缝深度不得大于构件直径的1/4,$\rho > 1/8$或按剩余截面验算不合格	已构成残损点待施工时查验	待查
5	斗拱	檐下四周铺作层整体损毁较为严重;组成构件表面油饰脱落严重,内跳部分构件表面彩绘大部分均受潮脱落较大,局部槽杪劈裂,部分栌斗受压变形较重,部分散斗缺失、移位,拱身变形、移位,甚至断裂,部分挑杆、昂尾及内跳罗汉枋、正心枋等构件断裂缺失等。因残损状况较多,不便于逐项描述,具体残损明细状况详见现场勘测图纸	年久失修及持久荷载作用产生变形破坏	铺作层构件受压变形、断裂,局部构件缺失,槽杪、劈裂、断裂、移位,表层彩绘油饰受潮脱落	已构成残损点	

续表 5.2

序号	名称	残损位置、性质、程度	损坏原因	残损点评定界限	残损程度评估	备注
6	木构架	东山面(稍间)梁架:正心桁表面出现多处干缩裂缝,缝宽0.8~2 cm,深3~6 cm,后尾罗汉枋表面局部劈裂	自然干缩产生裂缝	构件扭曲变形,榫卯松动,脱榫	已构成残损点	
		东次间梁架:所有木构架表面均有不同程度的糟朽裂缝,五架梁表面局部裂缝处现存有后人维修时施加的铁扒锔	自然干缩产生裂缝	裂缝、糟朽	已构成残损点	
		明间东缝梁架:所有木构架表面均有不同程度的糟朽裂缝;五架梁表面有数道裂缝,最长一道长约1.2 m,宽0.3~0.5 cm,深1~3 cm	自然干缩产生裂缝	构件裂缝深度不得大于构件直径的1/4,ρ>1/8或按剩余截面验算不合格;有断裂、糟朽迹象出现	已构成残损点	
		明间西缝梁架:所有木构架表面均有不同程度的糟朽裂缝;七架梁南部表面现有铁箍两道,北部有一裂缝,长约1 m,宽约0.2~0.5 cm,深约1 cm	自然干缩产生裂缝	构件裂缝深度不得大于构件直径的1/4,ρ>1/8或按剩余截面验算不合格;有断裂、糟朽迹象出现	已构成残损点	
		西次间梁架:所有木构架表面均有不同程度的糟朽裂缝;构件局部松动、脱榫,五架梁梁头劈裂宽1~2.2 cm,三架梁通缝劈裂,宽0.6~1 cm,脊瓜柱通缝劈裂,宽0.5~0.8 cm	自然干缩产生裂缝	构件裂缝深度不得大于构件直径的1/4;有断裂、劈裂或压皱迹象出现	已构成残损点	
		西山面(稍间)梁架:构件局部松动、脱榫,丁栿下表面开裂,其上瓜柱糟朽、通缝劈裂,宽1 cm,深过柱中	持久荷载作用产生应力裂缝构件位移	构件裂缝深度不得大于构件直径的1/4,ρ>1/8或按剩余截面验算不合格;有断裂、劈裂迹象出现	已构成残损点	
		抹角梁局部糟朽、变形。所有仔角梁头局部糟朽,续角梁上表面糟朽,升头木局部糟朽。角梁部位构架叠压复杂,隐蔽部位较多,病害不易勘察,待施工时查验	雨水侵蚀受潮糟朽	糟朽、变形	已构成残损点	隐蔽部位待查

续表 5.2

序号	名称	残损位置、性质、程度	损坏原因	残损点评定界限	残损程度评估	备注
6	木构架	山面花架、博风板、悬鱼、山花板原构件均缺失,现为后人改建,且表面油饰全脱落,表面局部糟朽变形	人为改建受潮变形	后人不当改建,糟朽、油饰脱落	已构成残损点	
		檐面和山面各间额枋、平板枋表面油漆脱落60%以上,轻微糟朽,均于中部轻微下垂变形	雨水侵蚀受潮变形、糟朽	构件裂缝深度不得大于构件直径的 $1/4$,$\rho>1/8$ 或按剩余截面验算不合格;构件糟朽、局部走闪变形	已构成残损点	
		脊檩、金檩表面局部糟朽、轻微走闪变形;各步檩下襻间枋表面轻微局部轻微糟朽,部分襻间斗拱斗耳缺失、移位;各步随檩枋表面均不同程度糟朽,局部接头处脱榫,局部扭闪变形,表面不同程度糟朽	年久失修,自然损坏,持久荷载作用下受力破坏	构件糟朽、缺失、移位,局部走闪变形	已构成残损点	
7	木基层	飞檐上部的木望板、连檐、封椽板全糟朽;飞椽、檐椽、翼角椽局部断裂,脑椽、花架椽50%糟朽,局部劈裂	雨水侵蚀受潮破坏	屋面漏雨,致使木基层糟朽、局部断裂	已构成残损点	
8	屋面	屋面瓦件松动、破碎、断裂10%,滴水、勾头断裂40%。屋面整体向下滑动10 cm,30%变形,局部漏雨	冻融损坏年久失修	瓦件碎裂、松动,屋面整体变形	已构成残损点	
		望砖酥碱、碎裂、缺失60%以上	受潮破坏年久失修	望砖酥碱、碎裂、缺失	已构成残损点	
		正脊、垂脊、搏脊局部歪闪、变形、开裂	年久失修冻融损坏	脊饰构件自然损坏	已构成残损点	
		两侧排山沟滴瓦件碎裂30%	冻融破坏	屋面漏雨,屋面瓦件缺失、碎裂	已构成残损点	

续表 5.2

序号	名称	残损位置、性质、程度	损坏原因	残损点评定界限	残损程度评估	备注
9	装修	门窗全部为后建	人为改造	后人改建	已构成残损点	
		后部洪山真人墓道入口处挂落为后加	人为改造	后人改建	已构成残损点	
10	油饰彩绘	木构架梁架、铺作层、椽身等木构件表面彩绘受潮脱落、褪色90%以上	受潮破坏	彩绘油饰脱落	已构成残损点	

（6）新密洪山庙洪山真人大殿残损成因分析

导致新密洪山庙洪山真人大殿残损的病害原因很多,总体上大致可分为四大类,即材料性质、构筑工艺、自然侵蚀和人为破坏。

①材料性质

营建建筑主体木构架及木装修所用的木材本身存在自然缺陷,如自身的干缩裂缝,自然挠曲变形、抗压、抗弯、抗剪强度不均,耐腐蚀性较差等。

由于历朝历代的不当维修,后人所用的砌墙灰浆质量参差不齐,加之施工过程中各种原因致使不同部位的灰浆密实度不一,有的坚固结实,有的松软粗糙,另外再加之其中一些原材料和配比不好,致使耐久性不强。

②构筑工艺

部分建筑结构稳定性及整体安全性均较差;后人维修时所用砖块质量参差不齐,且砌筑工艺粗糙、砌缝宽窄不均等。

③自然侵蚀

冻融:由于地下毛细水上升、区域温度的变化,导致洪山庙大殿内外壁砖砌体表面出现酥碱现象;在地下毛细水上升及自然界风、雨、雪及温差变化等因素的共同作用下,砖块表面长期受冻融作用的影响加速了砖块颗粒之间和表层与内部之间的连接,使砖石表层疏松产生裂缝,温差风化多造成砖石的鳞片状剥落,在迎风面进一步被风化,致使其损坏程度更加严重。

降水:洪山真人大殿外墙表面的风化、酥碱,屋面部分特别是背阴面上多长有各类杂草、小树等植被,这些损毁现象的产生跟当地的自然降水是密不可分的。长期的雨水侵蚀致使砖块吸水,在风吹日晒的共同作用下表面逐步风化、酥碱,形成了深浅不一的酥粉层;屋面瓦件下部的泥背在吸水之后给植物的生长创造了良好的条件,另外植物的根系深入屋面构造层内部,对其密封性造成严重破坏,久而久之导致屋面漏雨、渗水,从而进一步侵蚀望板、椽子以及下部的木构架。

风化：长期的风力剥蚀加之雨水、动植物破坏以及人为损坏等因素的共同作用，致使洪山真人大殿的外墙局部严重剥蚀、产生裂缝，亟待修缮，恢复其承重能力。

生物病害：杂草和一些低等生物（如苔藓）的生长致使建筑屋面破损。屋面杂草的植物根系对建筑材料和黏合材料造成了根系劈裂作用，主要表现为屋面瓦件下部泥背疏松、脱落及由此造成的瓦件移位、脱落、缺失乃至局部渗水等。雨雪水顺裂隙下渗，侵蚀下部构件，加剧了病害的发展。

④人为破坏

后人的不当维修对洪山庙古建筑群各单体建筑造成一定破坏。民众的焚香祭祀活动对大殿造成一定危害并存在火灾安全隐患。

（7）新密洪山庙洪山真人大殿整体安全状态评估

洪山真人大殿地基较为稳定；文物建筑本体保存状况一般，即承重结构中原先已修补加固的残损点，有个别需要重新处理；新近发现的若干残损迹象需要进一步观察和处理，但不影响建筑物的安全和使用，对其采取现状加固或局部整修措施后可继续发挥社会作用。根据《古建筑木结构维护与加固技术标准》（GB/T 50165—2020），定为Ⅱ类残损，应尽快开展以现状加固为主的修缮工程。

（8）新密洪山庙洪山真人大殿的保护性修缮方案设计

①指导思想

坚持"保护第一、加强管理、挖掘价值、有效利用、让文物活起来"的文物工作方针，在对洪山庙古建筑群进行认真勘察、评估的基础上，按照文物保护原则，全面消除文物建筑的病害和安全隐患，保持其稳定性和安全性。真实、完整地保存并延续洪山庙的历史、文化、科学及艺术价值，在保证文物本体及其历史环境安全性、完整性的前提下着力彰显其文物价值与社会价值，使洪山庙古建筑群能够"延年益寿"。

②设计原则

★坚持《中华人民共和国文物保护法》明确规定的"不改变文物原状"的修缮原则。尽可能恢复原有的建筑布局及历史面貌。力争做到通过修缮，更加真实、完整地保护好新密市洪山庙建筑的历史传统风貌、文物建筑和所有附属文物所持有的历史信息。修缮的目的是使文物古迹"延年益寿"，而不是焕然一新，更不可大拆大改。

★慎重对待"复原"问题。凡复原者，必须具有足够的依据。对缺少依据者，只要无碍于结构和使用功能，均不做复原。

★尽可能实施原址保护。建设工程影响到文物保护单位时，应尽可能实施原址保护，无法实施原址保护的再考虑迁移或拆除。

★尽可能多地保留古建筑物的原构件。对构件的更换必须控制在最小的限度。

★尽可能少地干预建筑本体。维修中建筑构件能不拆卸的尽量不要拆卸。

★注重采用传统材料和工艺。新补配的构件应注意采用与原构件相同的材料和施工工艺。对于新材料、新工艺的应用，必须是经过试验鉴定认可的项目。不能用文物当作试验的对象。

③保护修缮措施

根据对洪山真人大殿残损状况的勘察情况，结合现行文物建筑保护修缮工程相关法律法规和技术规范,其修缮类别定为重点修缮工程。具体做法见表 5.3。

表 5.3　洪山真人大殿具体修缮措施表

序号	名称	残损位置、性质、程度	维修措施	备注
1	台基	四周散水均被破坏,散水砖缺失,东侧地面抬高 20 cm	清理淤土至与前檐室外地坪等高,平整地面,补配青砖散水,做法:青砖 340 mm×150 mm×80 mm,粗砂扫缝;25 mm 厚中砂;150 mm 厚三七灰土;素土夯实,向外坡 3%	
		前檐踏步缺失,现为水泥踏步;台面东、西两侧均被抬升的室外地面掩埋,东侧表面被水泥抹面覆盖,西侧被淤土掩埋,残损情况均不明。现存前檐台明上表面局部和陡板砖表面被水泥抹面覆盖	拆除现状水泥踏步,参照遗存样式重做前檐踏步,踏步采用青石踏跺和垂带,应尽量选用当地老料;清理西侧淤土后视台基残损状况制定合理维修措施;铲除水泥抹面后打点修补酥碱风化的台明砖	
2	地面	保存状况较为完好	维持现状,日常保养	
3	墙体	墙体外部灰缝大部分脱落,顶部砖全部松动	归安松动砖块,补配缺失墙砖,重新勾缝	
		除后檐墙外,其余外墙下部高 1.2 m 范围均被后加水泥抹面覆盖	铲除水泥抹面,打点修补酥碱墙砖后重新勾缝	
		前檐西侧槛墙全部为后人砌筑	局部拆除后人砌筑墙体,参照遗存做法重新砌筑	
		后檐墙下部酥碱高 1~2 m,深0.5~1.5 cm,顶部局部为后人砌筑	局部拆除后人砌筑墙体,参照遗存做法重新砌筑。修补酥碱墙体,对酥碱深度小于 20 的部位仅做清理处理	
		后部洪山真人墓道券洞顶部为水泥抹面覆盖	铲除水泥抹面,打点修补酥碱墙砖后重新勾缝	
		内墙粉刷全部空鼓、脱落	重做内墙粉刷。做法:月白灰麻刀灰重量比 100∶3;底层抹灰:掺灰泥,月白灰黄土的体积比 4∶6	
4	柱子	所有柱础基本完好,表面有轻微风化	维持现状,日常保养	
		明间东缝柱子裂缝一道长200 cm,宽 0.1~0.2 cm;墙内柱子其余部分无法勘察,待施工时勘察	清理缝隙及剔除表面糟朽部分后用环氧树脂灌注裂缝;拆除后加墙体后视柱身糟朽状况制定合理维修措施	

续表 5.3

序号	名称	残损位置、性质、程度	维修措施	备注
5	斗拱	檐下四周铺作层整体损毁较为严重:组成构件表面油饰脱落严重,内跳部分构件表面彩绘大部分均受潮脱落较大,局部糟朽劈裂,部分栌斗受压变形较重,部分散斗缺失、移位,拱身变形,移位,甚至断裂,部分挑杆、昂尾及内跳罗汉枋、正心枋等构件断裂缺失等。因残损状况较多,不便于逐项描述,具体残损明细状况详见现场勘测图纸	斗:劈裂为两半的、断纹能对齐的,粘接后继续使用;断纹不能对齐或严重糟朽的更换。斗耳断落的,按原尺寸样式补配、粘牢钉固。斗腰被压扁超过 0.3 cm 的可在斗口内用硬木片补齐(应注意补板的木纹与原构件一致),挤压不足 0.3 cm 的保持原状。 拱:劈裂未断的用环氧树脂黏接剂灌粉粘牢,左右扭曲低于 0.3 cm 的继续使用,超过的更换。榫头断裂且无糟朽的灌缝粘牢,糟朽严重的锯掉后接榫,用干燥的同种木材依照原有榫头样式尺寸制作,长度应超出旧有长度的 2~4 倍,两端与拱头粘牢,并用直径 1.2 cm 的螺栓加固。 昂:昂身裂缝的粘接修护做法与拱相同,昂嘴脱落或缺失时应参照遗存样式用干燥的同种木材补配安装。 枋:正心枋、外拽枋、罗汉枋等构件劈裂的可在灌缝粘牢后用螺栓加固,表面糟朽严重的应在剔除糟朽部分后用同种木材钉补齐整,糟朽超过断面面积 2/5 以上或折断的应更换	对斗拱的残损构件,凡能用胶黏剂粘接而不影响受力者,均不得更换
6	木构架	东山面(稍间)梁架:正心桁表面出现多处干缩裂缝,缝宽 0.8~2 cm,深 3~6 cm,后尾罗汉枋表面局部劈裂	挑顶、卸载后清理缝隙,后用环氧树脂加木片镶补裂缝,用同材质木片嵌补劈裂枋子,并用环氧树脂黏接剂粘牢	
		东次间梁架:所有木构架表面均有不同程度的糟朽裂缝,五架梁表面局部裂缝处现存有后人维修时施加的铁扒锔	挑顶、卸载后清理缝隙,一般裂缝(缝宽不超过 0.5 cm)清理后用环氧树脂灌注裂缝粘接;缝宽超过 0.5 cm 时用木条嵌补胶粘后外加铁箍 2~3 道,铁箍宽度根据加固构件具体尺寸确定,厚度约 0.4 cm,铁箍应嵌入木构件内使其外皮与木构件外皮齐平;保留现状铁扒锔	

续表 5.3

序号	名称	残损位置、性质、程度	维修措施	备注
6	木构架	明间东缝梁架:所有木构架表面均有不同程度的糟朽裂缝;五架梁表面有数道裂缝,最长一道长约 1.2 m,宽 0.3~0.5 cm,深 1~3 cm	挑顶、卸载后剔除木构架表面糟朽部分,清理缝隙后用环氧树脂加木片镶补并加铁箍 2 道加固,铁箍宽度根据加固构件具体尺寸确定,厚度约 0.4 cm,铁箍应嵌入木构件内使其外皮与木构件外皮齐平,并做防腐、防虫处理后油饰	
		明间西缝梁架:所有木构架表面均有不同程度的糟朽裂缝;七架梁南部表面现有铁箍两道,北部有一裂缝,长约 1 m,宽约 0.2~0.5 cm,深约 1 cm	挑顶、卸载后剔除木构架表面糟朽部分,清理缝隙后用环氧树脂加木条镶补并加铁箍两道加固,铁箍宽度根据加固构件具体尺寸确定,厚度约 0.4 cm,铁箍应嵌入木构件内使其外皮与木构件外皮齐平,并做防腐、防虫处理后油饰;保留七架梁现存铁箍	
		西次间梁架:所有木构架表面均有不同程度的糟朽裂缝;构件局部松动、脱榫,五架梁梁头劈裂宽 1~2.2 cm,三架梁通缝劈裂,宽 0.6~1 cm,脊瓜柱通缝劈裂,宽 0.5~0.8 cm	挑顶、卸载后归安松动脱榫的构件,剔除木构架表面糟朽部分,清理缝隙后用环氧树脂加木条镶补并加铁箍两道加固,铁箍宽度根据加固构件具体尺寸确定,厚度约 0.4 cm,铁箍应嵌入木构件内使其外皮与木构件外皮齐平,并做防腐、防虫处理后油饰	
		西山面(稍间)梁架:构件局部松动、脱榫,丁栿下表面开裂,其上瓜柱糟朽、通缝劈裂,宽 1 cm,深过柱中	挑顶、卸载并清理缝隙后用木片加环氧树脂黏接剂嵌补丁栿下表面裂隙,并于裂缝两侧施铁扒锔 2 道牵拉,之后于裂缝处加环形面状铁箍 1 道固定,铁箍宽度应大于裂缝嵌补面宽 5 cm;固定归安松动脱榫的构件,剔除瓜柱表面糟朽部分,清理缝隙后用环氧树脂加木条镶补并加铁箍两道加固,铁箍宽度根据加固构件具体尺寸确定,厚度约 0.4 cm,所有采用铁箍加固的措施应使铁箍嵌入木构件内,使其外皮与木构件外皮齐平,对木构件做防腐、防虫处理后油饰	

续表 5.3

序号	名称	残损位置、性质、程度	维修措施	备注
6	木构架	抹角梁表面糟朽、变形。所有仔角梁头局部糟朽，续角梁上表面糟朽，升头木局部糟朽。角梁部位构架叠压复杂，隐蔽部位较多，病害不易勘察，待施工时查验	挑顶露明后视糟朽严重情况制定合理维修措施：轻微糟朽的清理后表面进行防腐、防虫处理；糟朽严重的需剔除糟朽部分后加木片镶补，并加铁箍2道固定后做防腐、防虫处理，最后原样归安所有构件，铁箍宽度根据加固构件具体尺寸确定，厚度约0.4 cm，所有采用铁箍加固的措施应使铁箍嵌入木构件内，使其外皮与木构件外皮齐平。角梁隐蔽部位病害维修措施需待施工时现场勘查后确定	隐蔽部位待施工中进一步查验
		山面花架、博风板、悬鱼、山花板原构件均缺失，现为后人改建，且表面油饰全脱落，表面局部糟朽变形	拆除后人不当山花构件改建，参照设计样式重新补配安装	
		檐面和山面各间额枋、平板枋表面油漆脱落60%以上，轻微糟朽，均于中部轻微下垂变形	剔除额枋、平板枋表面起皮的油漆残迹和糟朽严重部分，做防腐、防虫处理后油饰	
		脊檩、金檩表面局部糟朽、轻微走闪变形；各步檩下襻间枋表面轻微局部轻微糟朽，部分襻间斗拱小斗缺失、移位；各步随檩枋表面均不同程度糟朽，局部接头处脱榫、局部扭闪变形，表面不同程度糟朽	参照遗存原样补配缺失的襻间斗拱小斗等构件，归安移位的小斗，挑顶卸荷后归安松动脱榫的构件。轻微糟朽不影响力学作用的构件维持原状，糟朽、扭闪变形严重已失去力学作用的构件需更换	
7	木基层	飞头上部的木望板、连檐、封椽板全糟朽；飞椽、檐椽、翼角椽局部断裂、糟朽50%以上，脑椽、花架椽50%糟朽，局部劈裂	揭顶后视各构件的详细损毁程度制定合理修缮措施：表面糟朽椽飞，剔除糟朽部分镶补后并刷桐油2~3道。局部糟朽深达直径的2/5的更换。劈裂椽飞予以镶补处理，裂缝较大的椽飞（0.2~0.5 cm）可嵌补木条加固；同规格、同材质材料更换或补配糟朽严重的木望板、连檐、封檐板等构件	

续表 5.3

序号	名称	残损位置、性质、程度	维修措施	备注
8	屋面	屋面瓦件松动、破碎、断裂 10%,滴水、勾头断裂 40%。屋面整体向下滑动 10 cm,30% 变形,局部漏雨	揭顶维修,去除屋面杂草,更换或补配碎裂或缺失的琉璃瓦件,按传统做法重做屋面时在泥背中掺入除草剂,防止屋面杂草滋生	
		望砖酥碱、碎裂、缺失 60% 以上	用同规格同材质材料更换或补配酥碱望砖,望砖规格参照现存完整望砖尺寸执行	
		正脊、垂脊、搏脊局部歪闪、变形、开裂	参照遗存补配所有缺失瓦件及脊饰	
		两侧排山沟滴瓦件碎裂 30%	用同规格同材质材料更换或补配	
9	装修	门窗全部为后建	拆除后加门窗,参照历史照片重新制作安装,做法详见图纸大样	
		后部洪山真人墓道入口处挂落为后加	拆除后加挂落	
10	油饰彩绘	木构架梁架、铺作层、椽身等木构件表面彩绘受潮脱落、褪色 90% 以上	用软毛刷小心拂去彩绘表面灰尘,后期委托专业机构制定彩绘保护方案	

④工程质量保障措施

★砌砖质量要求

能使用原砖块的应尽量使用原砖,补配用砖烧制材料应尽量与原砖相同或相近。砖的规格、质量、品种应符合设计和相关规范要求,进场时需查验出厂合格证或试验报告,外观应完整无缺棱掉角。质量要求如下:

砖的尺寸允许偏差:长度 -3~5 mm,宽度 -3~5 mm,高度 -1.5~1.5 mm;

两条面高度差:不大于 3 mm;

弯曲:不大于 2 mm;

石灰爆裂:爆裂区域最大破坏尺寸不得超过 2 mm;

缺棱掉角的三个破坏尺寸:不大于 20 mm;

完整面:不少于一条面和顶面;

抗压强度:平均值≥7.5 MPa,标准值≥5.0 MPa;

泛霜:不得严重泛霜;

吸水率:平均值小于19.6%,最大值小于23%;

抗冻性:M15;

其他:不允许有欠火砖和酥砖,砖不得出现隐残。

★木材质量要求

用作承重构件或小木作工程的木材,使用前应经干燥处理,含水率应符合下列要求:

原木或方木构件,包括梁枋、柱、檩、椽等,应不大于20%;

板材及各种小木作,应不大于当地的木材平均含水率。

修复或更换承重构件的木材,应优先采用与原构件相同的树种木材,确有困难时,应按照《古建筑木结构维护与加固技术标准》(GB/T 50165—2020)中相关要求选取强度等级不低于原构件的木材代替。

★维修保护材料的常规要求

保护材料应具有合适的固化时间;

保护材料应具有较小的收缩变形量;

保护材料应具有适宜的固化强度;

保护材料应具有较好的黏结强度;

保护材料应具有较好的抗老化性能;

保护材料应具有较好的耐水及耐腐蚀性能。

施工所用的各类保护材料在修缮后应能较好地抵御雨雪、风吹、日晒以及冻融等自然因素的综合影响,不至于较早地老化而失去作用,抗老化周期应在10年以上。

保护材料老化失效后,不对文物产生伤害和后遗症,原文物有被再处理的条件。

施工所用的所有保护材料在老化后应具有较好的可逆性,确保不对文物建筑本体造成伤害或产生任何潜在的伤害。

保护材料施工时不能对周边环境造成污染。

★其他注意事项

在保护材料的现场调配及施工过程中应对可能产生环境污染物的情况进行控制,采取切实可行的保护措施,避免对周围环境造成污染。

修缮过程中,坚持修缮过程的可逆性,保证修缮后的可再处理性。尽量选择使用与原构件相同、相近或兼容的材料,使用原有工艺技术及做法,尽可能保留更多的历史信息。

地方建筑风格与传统工艺手法,对于研究各地区建筑史和各地区传统建筑工艺具有极高的价值。在修缮过程中应加以识别,尊重传统工艺。保持地方建筑风格的多样性、传统工艺手法的地域性和营造手法的独特性。

施工前,必须委托彩绘专业维护人员先行进入现场,对所有绘有彩绘的木构件及施有雕刻的石构件进行包裹,防止拆卸、维护过程中对彩绘及雕刻造成伤害。同时对施工范围内的可移动文物如碑刻等实施保护处理,归位到合理位置。还要根据现场实际情况做好文物保护措施,确保文物建筑本体及其生存环境的安全。施工中应设置防火、防雨设备,设置完善的安全设施,并对施工人员及周围群众做好安全宣传、教育工作,确保人员及文物建筑的安全。施工中应对原有建筑的每一个构件及一砖一瓦视同文物对待,不可随意损坏。对于脊、吻、兽等易损瓦件拆卸时应轻拿轻放,堆放于安全的场所,避免一切不应有的损失。屋面揭顶之前,先对墙体及木构架采取支撑、加固的措施,检查确实安全后,方可施工。

与其他专业(水、电、消防等)密切配合,在开工之前确定配合方案,统筹施工,保证施工质量。施工中选用的各种建筑材料,必须有出厂合格证,并符合国家或主管部门颁发的产品标准。地方传统建材必须满足优良等级的质量标准。应选择有相应资质且社会反响良好的施工单位进行施工,施工单位应严格遵守《古建筑木结构维护与加固技术标准》(GB/T 50165—2020)的相关规定,修缮过程中必须增强质量意识,加强管理工作。修缮工艺、施工工序要符合国家古建筑修缮有关质量标准。冬季施工时应注意避免出现含水材料的冻融与施工质量问题;夏季应注意建筑材料的防雨与文物建筑构件的保护问题。所有场地均需按照国家规定,设置消防、安防设施,并建立严格的责任制度。

在施工过程的每一阶段,都要做详细记录,包括文字、图纸、照片甚至录像,留取完整的工程技术档案资料。施工中对拆除各重要隐蔽的部位及其接点应拍照存档,以备修复施工中对照。竣工后施工单位应提交完整的竣工档案资料,并归档保存。所有因保护需要新添加的材料在竣工图上均应标明,便于后人对洪山真人大殿进行研究。

2019年,新密市文物部门组织实施了洪山庙文物保护维修工程,主要工程内容包括山门、大殿、寝宫、寝宫东西配房,工程于2020年7月竣工,2021年3月进行了竣工验收。

⑤修缮设计图纸

见图 5.4~图 5.18。

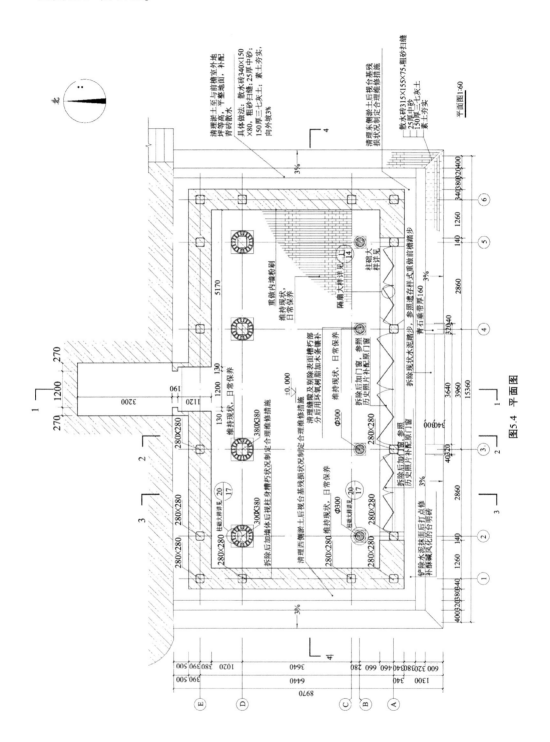

图5.4 平面图

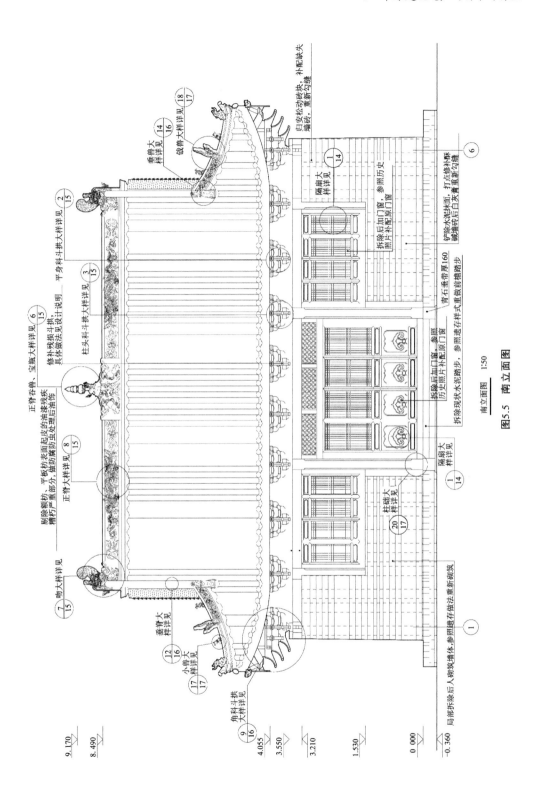

南立面图 1:50

图5.5 南立面图

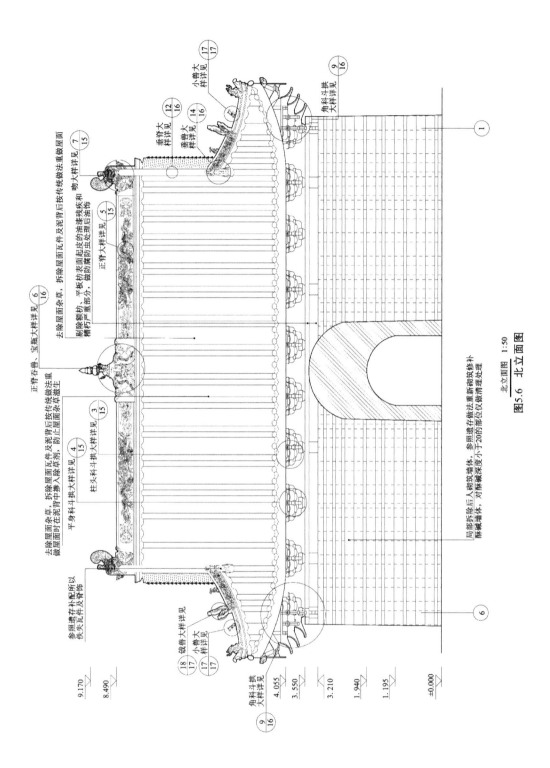

北立面图

图5.6 北立面图 1:50

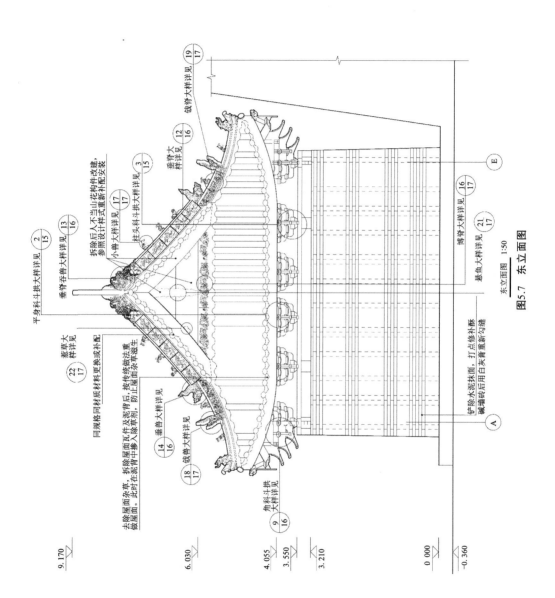

图5.7 东立面图

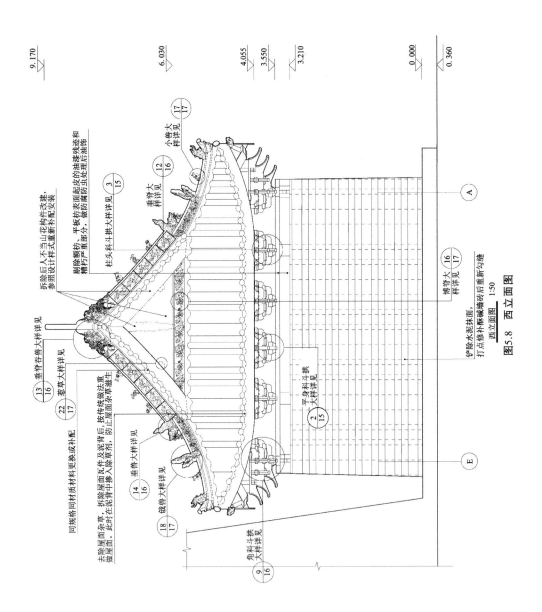

剔除额枋、平板枋表面起皮的油漆残迹和糟朽严重部分，做防腐防虫处理后油饰

拆除后人不当山花构件改建，参照设计样式重新补配安装

柱头科斗拱大样详见 ③ / 15

小兽大样详见 ⑰ / 17

垂脊大样详见 ⑫ / 16

博脊大样详见 ⑯ / 17

平身科斗拱大样详见 ② / 15

铲除水泥抹面，打点修补酥碱墙砖后重新勾缝

垂脊吞兽大样详见 ⑬ / 16

蕙草大样详见 ㉒ / 17

同规格同材质材料更换或补配

垂脊大样详见 ⑭ / 16

敌兽大样详见 ⑱ / 17

去除屋面杂草，拆除屋面瓦件及泥背后，按传统做法重做屋面，此时在泥背中掺入除草剂，防止屋面杂草滋生

角科斗拱大样详见 ⑨ / 16

西立面图 1:50

图5.8 西立面图

标高：9.170、6.030、4.055、3.550、3.210、0.000、0.360

轴线：A、E

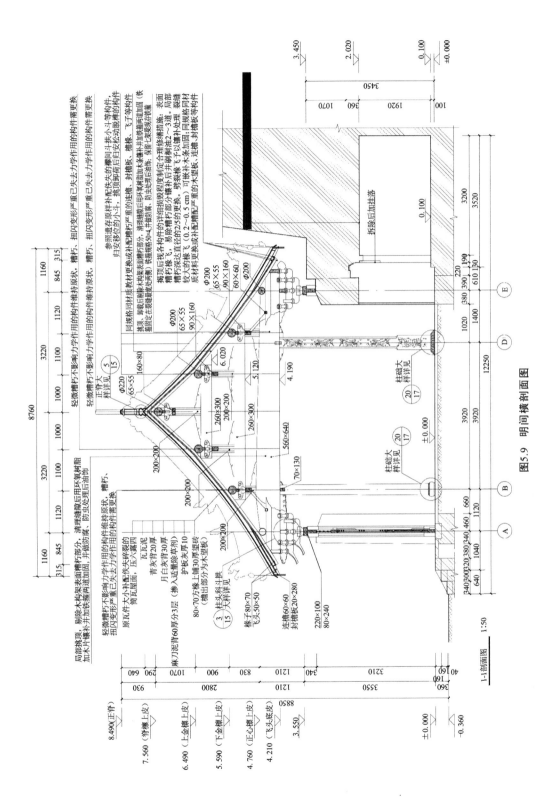

图5.9　明间横剖面图

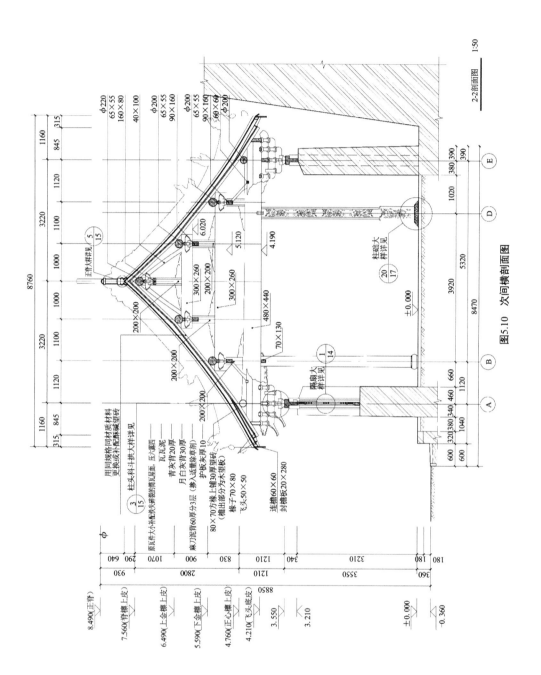

图5.10 次间横剖面图

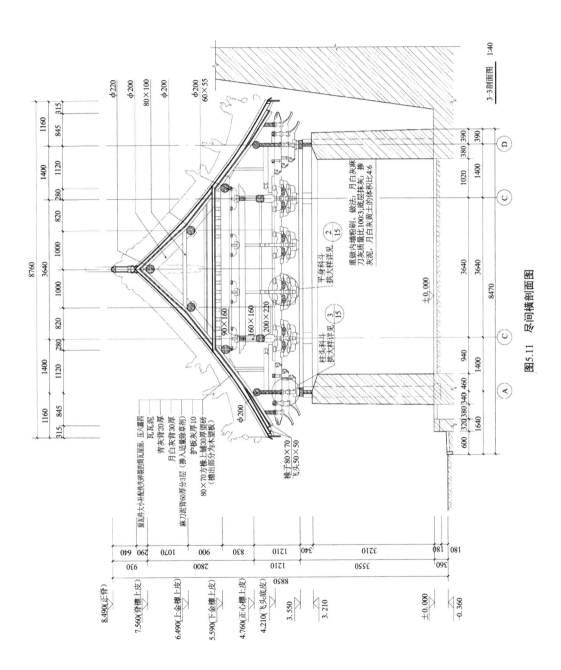

图5.11 尽间横剖面图

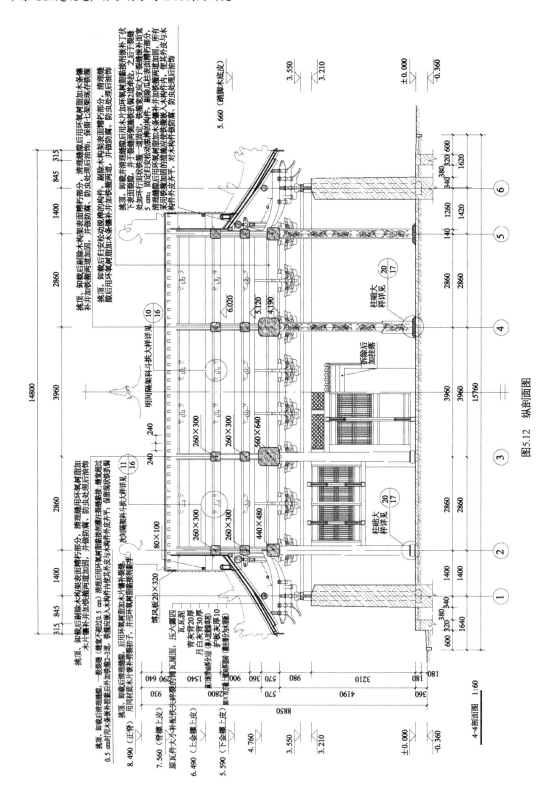

图5.12 纵剖面图

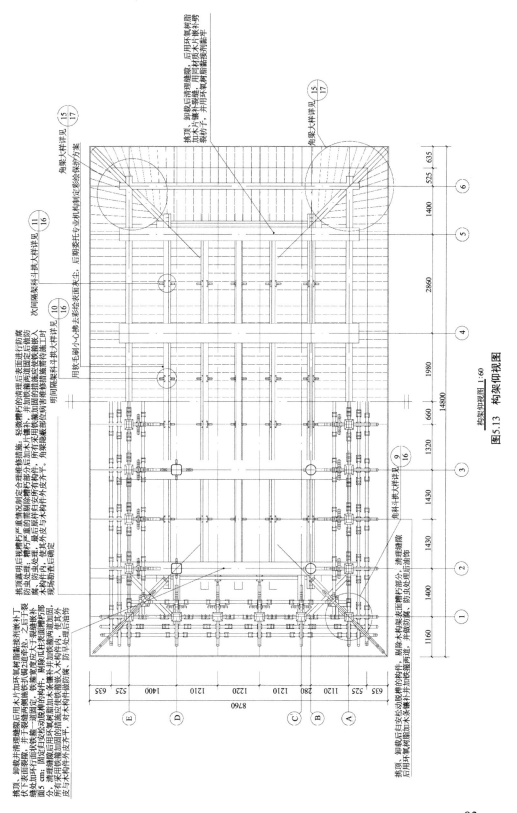

图5.13　构架仰视图

构架仰视图 1:60

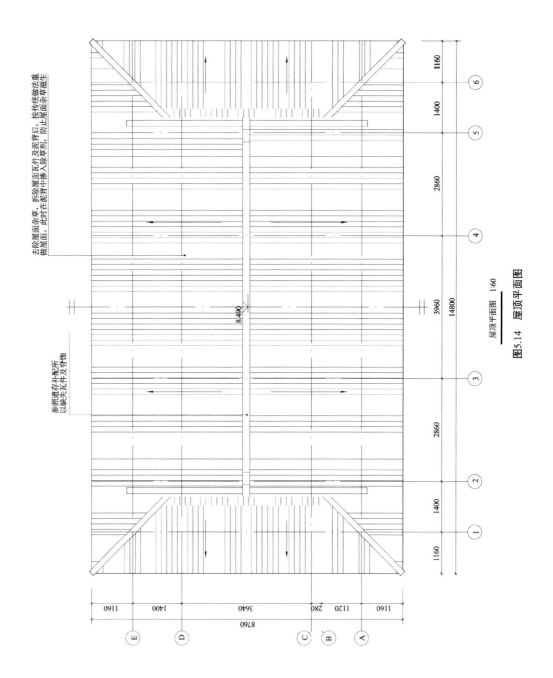

屋顶平面图 1:60

图5.14 屋顶平面图

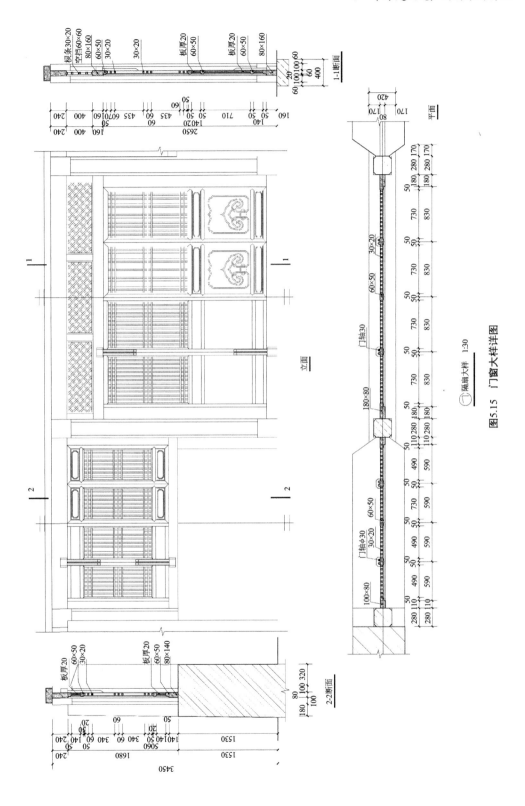

图5.15　门窗大样详图

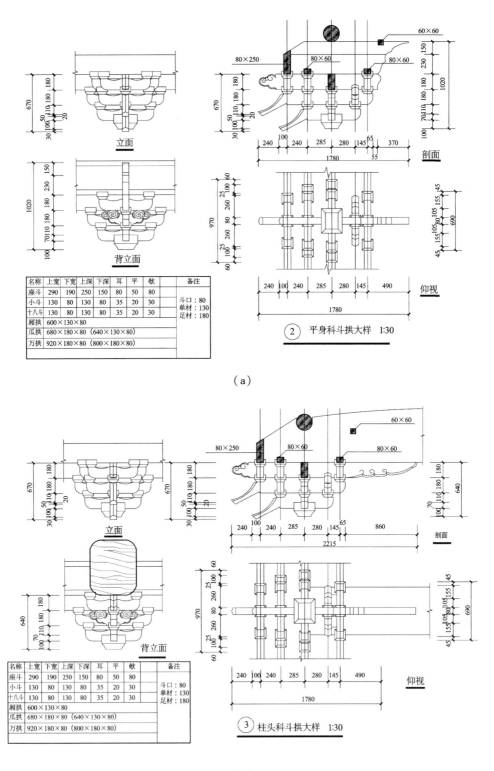

（a）

名称	上宽	下宽	上深	下深	耳	平	欹	备注
座斗	290	190	250	150	80	50	80	斗口：80 单材：130 足材：180
小斗	130	80	130	80	35	20	30	
十八斗	130	80	130	80	35	20	30	
厢拱	600×130×80							
瓜拱	680×180×80（640×130×80）							
万拱	920×180×80（800×180×80）							

② 平身科斗拱大样 1:30

名称	上宽	下宽	上深	下深	耳	平	欹	备注
座斗	290	190	250	150	80	50	80	斗口：80 单材：130 足材：180
小斗	130	80	130	80	35	20	30	
十八斗	130	80	130	80	35	20	30	
厢拱	600×130×80							
瓜拱	680×180×80（640×130×80）							
万拱	920×180×80（800×180×80）							

③ 柱头科斗拱大样 1:30

（b）

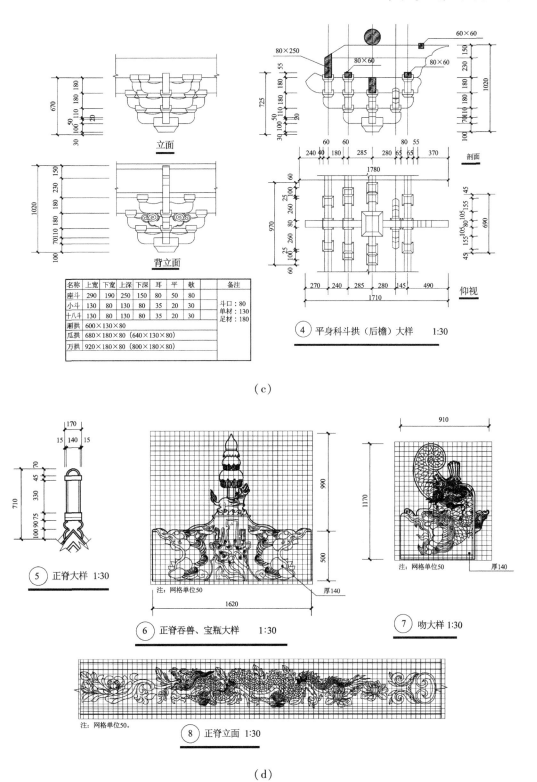

名称	上宽	下宽	上深	下深	耳	平	敬	备注
座斗	290	190	250	150	80	50	80	斗口：80
小斗	130	80	130	80	35	20	30	单材：130
十八斗	130	80	130	80	35	20	30	足材：180
厢拱	600×130×80							
瓜拱	680×180×80（640×130×80）							
万拱	920×180×80（800×180×80）							

④ 平身科斗拱（后檐）大样 1:30

（c）

⑤ 正脊大样 1:30

⑥ 正脊吞兽、宝瓶大样 1:30

注：网格单位50

⑦ 吻大样 1:30

注：网格单位50

⑧ 正脊立面 1:30

注：网格单位50。

（d）

图 5.16　平身科、柱头科斗拱及正脊、吻兽大样详图

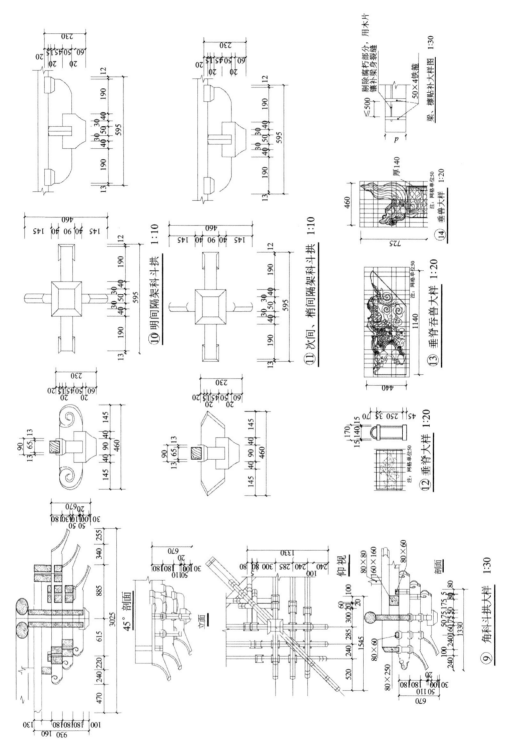

图5.17 角科、隔架科斗拱及垂脊、垂兽大样详图

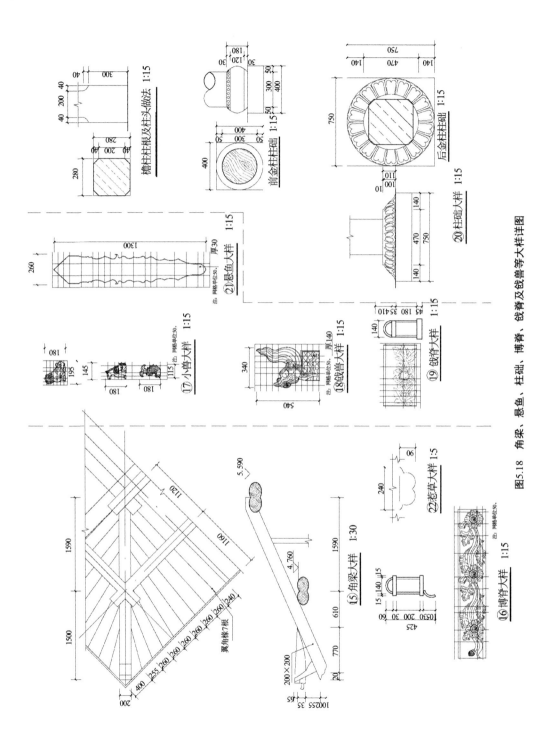

图5.18　角梁、悬鱼、柱础、博脊、戗脊及戗兽等大样详图

5.4.2 古塔类建筑遗产保护传承案例

5.4.2.1 中原地区古塔类建筑遗产概述

中原地区留存至今的建筑有很多,从单体形态类型上看,可分为宫殿、楼阁、塔、亭榭等,这些古代建筑中绝大多数都是用砖石砌筑而成的,虽然很多主体承重结构采用的是木构件,但其外围的围护结构多数仍采用砖石砌筑。特别是随着明代烧砖技术的普遍成熟,出现了硬山式建筑,建筑的承重结构对于木材的依赖逐渐减少,开始出现了更多的无梁殿和拱券承重的纯砖石结构体系建筑,这些建筑的耐久性和维护周期自然也较木构承重体系有了极大的提升和改善。正是借助于砖石极强的耐久性能和力学特性,才使得中原大地上数量众多的珍贵建筑遗产得以保存至今。塔作为我国古代建筑向高空发展的典型代表,无疑是其中极富特色的一类。纵观我国境内现存的古塔建筑,除山西应县的佛宫寺释迦塔是一座木构古塔外,其余多数以砖石作为主材营造而成。它们历经百千年的风霜雨雪保存至今,不得不说是我国古代高层建筑营造技艺的典范和奇迹,有着极高的研究价值和保护意义。

郑州,作为中国八大古都之一,历史文化厚重。据不完全统计,郑州辖区内现存古塔建筑270余座[1],从始建年代观之,自北魏始,历经唐、宋、元、明、清各代,历史悠久,数量庞大,种类多样,堪称我国各地砖石古塔的缩影。如何保护好、利用好以及传承好这些特色鲜明的建筑遗产,对于更好地传扬我国优秀的传统文化,促进人们对砖石古塔价值的认识、保护、利用和传承,助力郑州成为国家中心城市和华夏历史文明传承创新核心区都具有重要意义。

对郑州地区古塔的调研,始于近代。20世纪30年代,以中国营造学社刘敦桢先生为代表的一批古建筑专家学者,先后对嵩岳寺塔、少林寺塔林、法王寺塔、永泰寺塔等嵩山地区的古塔建筑展开了一系列的初始调研测绘工作。中华人民共和国成立后,随着我国文物保护事业的全面开展,国家对于古代建筑的保护和管理也日渐重视。1961年,登封的嵩岳寺塔、观星台等几座珍贵的古建筑被国务院列为第一批全国重点文物保护单位。自此以后,越来越多的学者开始关注郑州地区的古塔,对其的调查和研究日渐丰富,相关研究成果层出不穷。专著有杨焕成的《塔林》、吕宏军的《嵩山少林寺》、任伟的《嵩山古建群》等;文章有《我国最大的古塔博物馆——少林寺塔林》《登封少林寺唐萧光师塔考——兼谈六角形唐塔的有关问题》《少林寺同光禅师塔石门线刻画〈舞乐图〉试析》《嵩岳寺塔渊源考辨——兼谈嵩岳寺塔建造年代》等。2010年8月,登封"天地之中"历史建筑群成功申报世界文化遗产,在这八处十一项文化遗产点中就有两处与古塔有关,即嵩岳寺塔和少林寺塔林。

5.4.2.2 中原地区古塔的类型简介

从单体结构形式来看,以郑州为代表的中原地区现存古塔的单体形态和构造类型大体上可分为四类,即楼阁式塔、密檐式塔、亭阁式塔和覆钵式塔。

---

[1] 数据来源:第三次全国文物普查统计资料,郑州地区。

（1）楼阁式塔

作为中国古代高层建筑保存至今的典型代表，楼阁式塔历史最为悠久。此类型的古塔保存数量众多，体形庞大，堪称最具中国传统特色的建筑式样。楼阁式塔各层层高不一，一般较密檐式塔高，保留足够的开窗和开门高度，除顶层外，其余各层塔身外檐上部多置有平坐，内部设有木制或砖石楼梯，可登临远眺，整体外观犹如空中楼阁，故名楼阁式塔。楼阁式塔多在塔身各层外壁正中辟窗，转角处施砖倚柱，各层塔檐多用砖砌成反叠涩披檐，较为讲究的还在首层甚至各层檐口下施砖制斗拱承托出檐。自唐以后，砖石楼阁式塔开始大量出现，但在整体营造做法上仍沿袭木制。郑州地区现存的楼阁式塔主要有新郑卧佛寺塔（图5.19）、中牟寿圣寺双塔和少林寺释迦塔等。

图 5.19　新郑卧佛寺塔（楼阁式塔）

（2）密檐式塔

密檐式塔是中国古塔的另一主要类型，多用砖石砌筑而成。此类型古塔的总量在中国现存古塔中所占的比重稍低于楼阁式塔，体量也较大。密檐式塔乃是由以木材为主料建造的楼阁式塔向以砖石作为主要建筑材料进行塔体营造的发展过程中逐渐演变而来的。其首层往往比其他各层高，内设塔心室，且多在塔身外壁及心室内壁开凿佛龛，其内雕造佛像。心室入口一侧塔壁正中开设门窗洞口，心室内部多施砖制斗拱承托反叠涩穹顶藻井，内壁转角处施砖雕倚柱等细节雕饰。除首层外，二层以上各层层高明显减小，塔檐亦多采用青砖卧砌逐层出挑形成叠涩，各层紧密相连。二层以上塔身外壁多为素面，不设各类雕饰；塔身内部一般多为直通塔顶的空筒状心室，不设登道，仅于心室内壁每隔一定距离留出一至两块卧砖的空当以供攀爬，料想应为检修之用。即使某些在塔内设有攀登踏步，其实际可登临高度亦十分有限，离塔顶还有相当的距离。郑州地区现存的密檐式砖塔除了在建筑史学界享有盛誉的登封嵩岳寺塔之外，还有登封的永泰寺塔、法王寺塔等。

（3）亭阁式塔

亭阁式塔，顾名思义，其外观应与亭子或楼阁相似。实际上，此类塔是印度覆钵式塔与中国传统亭阁建筑相结合的产物，在我国也有着非常悠久的历史。亭阁式塔外观尤似一亭阁，多为单层，平面形式多见于四方形、六角形、八角形或圆形。早期亭阁式塔的塔身内部多置塔心室以设佛龛，搁置佛像。亭阁式塔体量较小，结构简易、方便建造，多为高僧圆寂后的墓塔。郑州市域范围内现存亭阁式塔数量较少，典型的如登封会善寺净藏禅师塔（图5.20）、少林寺法玩禅师塔和同光禅师塔等。

图 5.20　净藏禅师塔（亭阁式塔）

（4）覆钵式塔

佛塔在印度诞生之初其"原型"为窣堵波,乃供奉舍利的坟冢。窣堵波与中国本土文化融合后所产生的与其外观形制最为接近的一类塔就是覆钵式塔,覆钵式塔在中国最早出现的时间应不晚于唐代,而在中国大规模流行的时间却是在元代以后。覆钵式塔的塔身主体由一个倒圆桶状的覆钵组成,底部由一种被称为"须弥座"的台基承抵,塔顶砌筑佛教的"相轮十三天"塔刹,体量较大,竖向高度约占整个塔身通高的1/4。覆钵式塔多见于藏传佛教。现存的覆钵式塔多分布于青海、西藏、甘肃、内蒙古、辽宁及北京等地。郑州市现存的覆钵式塔有荥阳洞林寺建于明代的无缘真公禅师塔(图5.21),少林寺塔林中建于明代的坦然和尚塔等。

图5.21　无缘真公禅师塔(覆钵式塔)

5.4.2.3　中原地区古塔的发展演变

佛教传入我国伊始,其相关附属文化随即一并入华,其中最为典型的就是佛塔。其在与中华传统文化融合发展的历程中始终未完全脱离佛教这一文化土壤,因此我国现存的传世古塔多为佛塔。从某种程度上来讲,佛教建筑在中国的发展史基本上可从佛塔逐步中国化的发展历程中窥见一斑。基于此,笔者试图通过对现存有关郑州地区佛教发展史以及佛教建筑的相关文献记述中抽取关于古塔的记录文字,以这些古塔始建的年代为依据,从历史学的视角对其进行时代划分,归纳各时代古塔建筑的营造手法特征,并将各个时代作为一个发展演变的整体来看待,从而概括出各个时代相对于其他时代的自身特点,借以凝练出古塔在郑州地区的发展演化脉络。综上,郑州古塔的发展可大体划分为以下五个阶段。

（1）方兴未艾于北朝

两汉之际,佛教由印度传入我国,最初落迹于洛阳及其周边的嵩山地区,在此扎根后开始了四处传播的历程,历经魏、晋、南北朝数百年而经久不衰。

北魏时期,奉佛教为国教,由此产生了中国历史上首次佛寺、佛塔建造的高潮。中国现存最早的、唯一一座十二边形的砖石古塔——地处中岳嵩山的嵩岳寺塔就是在此时期建造的。嵩岳寺塔建于北魏宣帝永平二年,与当时宣武帝的离宫——嵩岳寺一同建造。如今嵩岳寺早已无存,而嵩岳寺塔却历经千年风霜依旧巍然耸立。该塔在国内外建筑学界声名远播,被一代又一代建筑学人广为传颂,其建造艺术之精美,构造手法之娴熟,堪称印度佛塔的原型与中国本土建筑营造技艺充分融合的经典。在佛教传入我国的初期,佛塔多为木构楼阁式建筑,概因木塔惧火,且独耸的高层木塔最易遭雷劈而起火,故而后世工匠渐渐弃用木而改用砖石砌筑佛塔,也因此使得保存至今的木塔更是凤毛麟角。而嵩岳寺塔由于采用了砖石作为主材砌筑而成,得益于砖石材料较高的力学强度指标和耐久性,使其能够保存至今,成为中国早期佛教砖塔极为珍贵的实物见证。

（2）迅猛发展于唐宋

唐初,少林寺有十三位僧人因护驾有功,受到唐太宗封赏,少林寺因此威名远播。此外,北魏时曾在洛阳、嵩山等地由达摩祖师开创并传授的禅宗一派,于唐代日渐兴盛,成为唐代最大的佛教流派,而其发迹之源头依然是在如今属郑州管辖的登封一带。唐高宗和大周皇帝武则天两朝,佛教各派高僧云集嵩山弘扬佛法,菩提达摩开创的禅宗大乘佛法精义借此被广为传扬,使得少林寺威名大震,成为后世公认的禅宗祖庭。

宋代,特别是北宋,由于推崇文人治国,使得中国历史上多种文化、科技及艺术的发展在此时达到了巅峰,各方各类的文化在这一时期不断融会贯通,并不断被中华本土文化所包容渗透,推陈出新。公元1086年,在北宋王朝的支持下,曹洞宗的禅法教义始入嵩山少林,开始与已经存在于此处数百年之久的禅宗佛法汇融,使得本就已经借少林寺等名刹声名远播的嵩山佛教又一次震撼了世人。

得益于佛教的繁荣,唐、宋时期兴建了许多佛塔,建塔所用的材料也推陈出新。除木材和砖、石外,还尝试了琉璃、铜、铁等当时的新型建筑材料。新材料的使用也使得古塔的建筑造型与营造技艺随之而变,这一点最明显地反映在塔的平面形式上,开始由常见的四边形逐渐向六角形和八角形过渡。据不完全统计,郑州市域范围内现存唐、宋风格的古塔大概有20余座,郑州地区存留的唐宋古塔从建筑类型上来看基本上能够覆盖大多数中国大地上现存古塔,其中绝大多数位于嵩山少林寺一带。其中如少林寺周边的法王寺塔、永泰寺塔为叠涩密檐式砖塔;少林寺塔林的法玩禅师塔、同光禅师塔、法如禅师塔为亭阁式塔;当然还有一些塔距离嵩山较远,如地处中牟县的寿圣寺双塔,东西并峙,为唐末宋初建造的楼阁式塔,相传此二塔一个为佛塔,一个为道塔。从建筑的平面形制和建筑材料两方面来看,这一时期除了常见的四边形砖塔外,还出现了完全就地取材的多边形石塔,如位于登封少林寺西北约两公里山坡上的萧光师塔,为六边形单层石塔;又如位于如今登封市西北6 km会善寺西侧的净藏禅师塔,乃我国现存唯一的唐代八角形仿木结构砖塔。位于少林寺塔林内的行钩禅师塔建于五代后唐天成元年(公元926年),是嵩山唯一、我省仅有的两座五代塔之一,因而弥足珍贵。塔体平面四方造,单层亭阁式,矩形条基,顺砖卧砌不岔分,石刻仰莲、相轮十三天造型六角攒尖塔刹,楷书塔铭,整体营造做法既存唐风,又具宋影。

建筑作为文化的载体,是不同时期文化及审美取向的缩影。唐、宋二代国风迥异,在古塔的造型艺术审美中反映得尤为异趣。唐代综合国力强盛,此时的建筑整体上呈现出一种雄浑粗犷、不拘小节的豪迈气概。故而唐塔一般不尚装饰,建筑外形简约明确,营造手法富有韵律和节奏,处处都彰显出唐人豪放的个性和气度。宋代,由于《营造法式》的颁布,此时建筑的营造相较唐代而言呈现出更加规范化的特征,但对于建筑细节的雕饰和揣摩却极尽奢华细腻之能事,集中反映出宋人高雅的文化追求。宋塔的平面多为八边形,塔身各层比例修正协调,从而整体上呈现出一种优美的弧线。门窗洞口、外壁、心室及基座等处亦多遍施雕刻,多为佛教人物,形象逼真,手法精湛。

(3)承前启后在金元

金元时期,由于统治者的支持,曹洞宗禅法在嵩山地区得到了大力发展,使得佛教在嵩山地区的发展迎来了新的曙光。郑州地区现存的建于金元时期的古塔约70座,如金代的衍公长老窣堵坡、海公塔、崇公禅师塔、悟公禅师塔等,元代的成公塔、惠圆塔、聚公塔、资公塔、普荫大师盖公之塔等。由于年代较近,其营造手法大多亦沿袭唐宋旧制,但也产生了些许新的发展:一是幢式塔、碑式塔、钟形塔、五轮塔、方柱体塔等异形塔开始出现,且体量大为缩小;二是塔身的基座普遍升高,且多为须弥座造型,表面多施雕饰;三是以石材堆砌,且表面遍施雕刻的古塔开始大量涌现。

金元时期的古塔在一些细节的处理上开始发生变化，集中体现出建筑营造过程中对于功能的诉求逐渐向装饰审美艺术与使用功能并重的趋势发展。中国营造学社的奠基人之一，我国著名的建筑历史理论学家刘敦桢先生曾依据其所做过的大量古建筑实地调查工作撰写过《河南省北部古建筑调查记》的文章，文中曾以现存的金元时期古建筑的门簪为例，对此时期古建筑整体营造做法的时代特征有过推测性描述："门簪的数目，在本社已往调查的辽、宋遗物中，均为二具。唯此寺金正隆二年西堂老师塔与元泰定三年聚公塔，增为四具，足证金代的门簪数目已与明、清相等。唯其时位于两侧者，虽作正方形，可是中央二具，或作菱形，或作圆形，未能划一，也许是一种过渡时代的作风"。[2]

元代以后，砖塔的营造技术便无甚创新之处，因元代喇嘛教发展迅速，覆钵式喇嘛塔在此时大量兴建，使其逐渐成为中国佛塔的一种单独类型流传至今。

（4）雨后春笋在明朝

明代，以少林寺为代表的佛教高僧始终能够做到顺应天命、保家卫民，由此使得嵩山地区的佛教在明代保持了稳定发展，达到了中国古代封建王朝佛教发展的又一巅峰。明嘉靖三十二年（1553年），少林僧兵临危受命，参加平倭战争且取得大胜，使得明王朝声势大振。嘉靖帝深感欣慰之余遂在平倭战争胜利四年以后钦定儒释齐谐的小山宗书禅师为少林寺第二十四代方丈。其在任期间不遗余力地弘扬佛法，使得信众陡增，威名远播。尔后更有无言正道禅师掌印少林三十余载，几成当时北方禅宗的精神领袖，被世人冠以"僧杰"的名号，享誉京师。正是得益于这些高僧大德常驻嵩山讲经说法，使得嵩山地区的佛教迎来了其在明王朝的惊世繁荣，佛塔也因此便如雨后春笋般矗立于嵩山各大寺院周围，而这其中最为有名的当数少林寺的塔林。

据统计，少林寺塔林内现存明代所建佛塔共计146座，占塔林佛塔总数的一半以上。除新郑卧佛寺塔为祈福供奉之用外，其余多为埋葬高僧灵骨的墓塔，底盘以四边形、六边形和八边形居多，亦有部分覆钵式塔。郑州地区现存明塔的数量之所以如此众多，一方面得益于终明一代相对稳定的统治历程中，对佛教始终秉持了较为积极的政策；另一方面，砖石材料制作技术的成熟以及营造工艺的进一步发展也是明代砖塔大量涌现的一个客观条件。但与此同时，概因施工工艺有别，抑或受制于工期及经费等原因，明代砖石佛塔的营造水平参差不齐，部分佛塔形体较小、垒砌工艺粗糙，由此开启了郑州地区乃至中国古塔营造技艺逐渐走向衰退的进程。

（5）强弩之末止于清

清代是中国封建社会的尾声。出于统治的需要，清代一改明代对佛教、道教等传统宗教的推崇，自清初就积极倡导尧舜之道和孔孟之学。佛教逐渐演变为服务于清王朝多民族国家统治的有力工具，这一点从清代大肆推崇喇嘛教就可见一斑。

清初，少林寺日渐淡出统治阶层的视线。康熙五年，少林寺第二十八代方丈圆寂后，清政府并未以官方的名义指派继任者，至此，传承百年的"钦命住持"制度戛然而止。少林寺地位的明显衰落是在乾隆之后，由于失去了政治上的支持，少林寺这座"禅宗祖庭""天下第

---

[2]　中国营造学社编.中国营造学社汇刊（第6卷）[M].北京:知识产权出版社,2006.

"一名刹"的地位也日趋衰微。而少林寺的失宠也逐渐殃及了嵩山乃至郑州其他地区的寺庙。

郑州地区现存的清代砖石古塔为数不多,比较有代表性的有新密市的屏峰塔,此塔体量不大,为民间的风水塔,砌筑工艺与前代不可同日而语。此外还有会善寺佛定意公塔,该塔为琉璃砌筑,整体造型和砌筑工艺亦不甚讲究。由此可见,清代砖石古塔的功能定位开始逐渐趋于世俗化,其营造技术及装饰艺术等方面均开始呈现出粗糙乃至简易之倾向,总体上更加注重实用性。

郑州地区的这些砖石古塔之所以能够较为完好地保存至今,与其精湛的砌筑工艺和营造做法密不可分。此外,古塔作为一种建筑类型,本身也承载着一定的使用功能,这些功能无疑要依托于其所诞生的历史环境才有意义,因此也必然蕴含在对其的设计理念当中。不难理解,不同时代的古塔建筑有着不同的营造技法,进而表现出迥然相异的造型特点,这正是郑州地区古塔建筑一脉相承的时代烙印。

5.4.2.4 典型案例——新郑凤台寺塔

由于郑州地区的砖石古塔为数众多,类型各异,年代跨度久远,很难从整体上以建筑学的视角审视其建筑形制、价值体系及营造技艺等内容。本书选取现为全国重点文物保护单位的新郑凤台寺塔作为古塔类建筑遗产保护传承的典型案例,从上述几个维度进行详细阐述。

（1）凤台寺塔概况

新郑凤台寺塔位于郑韩故城内双洎河南岸高台地上,寺庙已毁,唯塔独存(图5.22)。凤台,即凤凰台,旧时传说有凤凰群栖于此,故名凤台。凤台寺塔处按旧志载:"俗呼凤凰台,建寺其上,曰凤台寺,寺内有佛殿、僧房等殿宇辉煌。塔在寺内,今寺已毁,唯存此塔。"[3]凤台寺因具有较高的历史价值和文物价值,2013年被国务院列为第七批全国重点文物保护单位。该塔北临双洎河(溱洧河),与城西明代卧佛寺塔隔河相望(图5.23),河水萦绕,晚钟悠扬,以"溱洧秋波""塔寺晚钟"名列新郑八景。

 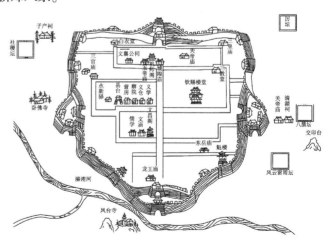

图5.22　凤台寺塔片区实景卫星图　　　　图5.23　康熙《新郑县志·城池图》

---

[3]　文献来源:凤台寺塔文物保护标识碑背后所刻文字。

（2）建筑形制

凤台寺塔坐西向东,为六角九级叠涩密檐式砖塔,通高 19.10 m(图 5.24)。第一层角边宽 2.73 m。塔下地面以上未见基座,整个塔身用 39 cm×19 cm×5.5 cm 和 40 cm×19 cm×6 cm 的青砖垒砌而成,塔身外壁表面用青砖垒砌,白灰黏合,一层采用干摆砌法,磨砖对缝;二层以上采用丝缝淌白砌法,并设空筒状塔心室直通塔顶,砌筑工艺精湛。内壁表层青砖卧砌,采用糙砌做法,砖缝之间使用黄泥浆黏合。自第一层以上塔身对径逐层内收,各层高度亦从下面及侧立面展开图中窥见一斑[4](图 5.24)。

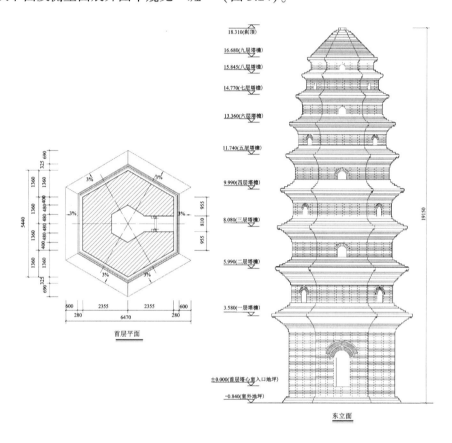

首层平面图　　　　　　　　　　　　东立面图

图 5.24　凤台寺塔现状实测图

塔身:首层塔身通高一丈有余(约 330 cm),除正东外壁辟有进入首层塔心室的入口门洞以外,其余各壁均为素面。正东辟一半圆拱券门(图 5.25),高六尺有余(约 200 cm),宽二尺六寸(约 87 cm)。顶部设有青石门楣,其下设门板。上槛及两侧立颊(抱框)均用青石构筑。立颊底部落于青石地栿之上,中段已残。底层塔心室为六边形,室内壁净高六尺四寸(约 211 cm),目测微有正升。各转角未施倚柱,壁面顶端以两层卧砖顺砌成普柏枋,高约六寸四分(约 21 cm),挑出壁面一寸(约 3 cm)。普柏枋上各壁面相交处承托砖

---

[4]　杨焕成,汤文兴.凤台寺塔建筑结构与年代考略[J].中原文物,1981(2):51-56.

砌三杪偷心造的转角铺作六攒(图 5.26),通高一尺二寸(约 40 cm)。栌斗两翼出砖砌泥道拱,拱身两端上置散斗,承托二层砖制泥道慢拱,其两端上复置散斗,承托上部第三层砖制泥道慢拱,再于面阔方向置柱头枋状首层砖叠涩。栌斗外出三跳,跳头上均未施横拱,由此构成整朵三杪重拱偷心造转角铺作。第三跳华拱中间部位施齐心斗,承托砖制撩檐枋,乃宋式铺作所特有的做法。铺作之上以十一层反叠涩砖砌出六角攒尖穹隆藻井,通高二尺五寸(约 83 cm)。

图 5.25　一层塔身东侧券门

图 5.26　凤台寺地宫塔现状实测图——地宫侧立面展开图

　　二层外壁正南辟半圆形壶门状洞口(图 5.27),深约五尺有余(167 cm),由此进入可抵二层以上的六角形的塔心室,室壁竖直呈筒状,西面每隔一定距离留出两皮砖厚的空当作为脚踏,可登至第八层。北面和西面设砖雕壶门造型,余部均为素面。外壁顶端上置一层砖拨檐,其上施十层反叠涩砖檐,檐上砌正叠涩砖六层以利排水。

图 5.27　塔身二层南侧券洞

　　三层至八层塔身外壁檐部及壁身结构与首、二层大致趋同,仅叠涩砖檐由三层的九皮砖向上逐层递减为四皮,且每层隔一侧两面正中设砖雕壶门,共三处,且各层壶门所在壁面从下至上每层依次旋转一侧设置,从竖向来看形成隔层变换方位砌门之制(图 5.28)。顶部的九层各面均未设门洞,亦无砖拨檐,仅于外壁上端砌三层叠涩砖以承托上部刹座。塔身各层外檐翼角处均留有孔洞,洞内大多残存有已严重糟朽的木梁,应为木质角梁,料想原来塔体各角以木角梁收束,角梁局部伸出塔身,其下悬有风铎,清风拂来,叮叮作响,蔚为壮观。可惜角梁现已悉数损毁,仅余残件。

图 5.28　塔身叠涩砖檐

　　塔刹:八层顶端南北向铺一长条状石板,板中心留有一圆洞,料想应为固定刹柱之用。九层之上置塔刹,现已损毁,原形制无从考证,现仅余砖制刹座散置其间(图 5.29)。

图 5.29　塔刹砖制刹座

（3）价值体系

凤台寺塔乃郑州辖区（新郑市）保存较好的宋代砖塔，该塔整体工艺细腻，整体价值颇高，为研究北宋中叶河南地区的佛塔建筑提供了重要的实物资料，蕴含了大量的历史信息。结合当前对文物建筑价值评定的普遍标准，本书拟根据《中国文物古迹保护准则》（2015）（简称《准则》）中的相关内容，对凤台寺塔的价值分为历史、艺术、科学和其他价值四个方面进行评价，详见表 5-5。

表 5-5　新郑凤台寺塔价值评估构成表

文物价值概述	基本价值		衍生价值		
	历史价值	艺术价值	科学价值	社会价值	经济价值
1.建筑结构特点优存唐制,保留了河南地区研究宋塔的重要资料。塔身二层至顶为心室,于筒状室壁上凹砌蹬茬,以供攀登之用,这种内留空筒状的唐塔遗制在河南尚属孤例	●				
2.台基直接与首层塔身相连,未施基座,此种做法惯见于豫中平原的唐塔营造案例之中	●				
3.檐下施叠涩砖层,檐上以反叠涩呼应之,与豫中平原唐代密檐砖塔所置叠涩檐趋同	●				
4.地宫内各隅设八角形角柱,乃早期砖塔的做法。凤台寺塔始建于北宋,其典型构件做法尤袭唐制,实乃研究豫中平原宋塔的典型实例,其局部做法和构造尚存唐宋砖塔嬗递的特征,具有较高的艺术价值		●			
5.抗震性能优越。该塔从建成至今历经数次地震,塔身依旧巍然耸立,保存完好,体现了它良好的抗震性能			●		

续表 5-5

文物价值概述	基本价值		衍生价值		
	历史价值	艺术价值	科学价值	社会价值	经济价值
6.选址颇为讲究。该塔虽建于河边,但地势较高,不易受水患影响。现场观测得知,塔体地宫地坪与角柱柱根基本位于同一水准面,可推知凤台寺塔建成后各面未有沉降或沉降均匀			●		
7.结构科学,形体简单,平面、立面形状规则,无突变,整体重量及刚度均匀且几何对称。连续性结构的塔身和契合牢固的转角,保证了结构整体强度,使之历经震害而安然无恙			●		
8.艺术与科学性齐备。各层的拔檐砖层,起到了"圈梁"水平联系作用,既美观大方,又加强了壁体的整体性,在抗震与抗风荷载方面是加分项	●	●			
9.构造与力学原理相吻合。塔身各层门窗隔层变换方位,避免了由于各层门窗位于上下同一竖向方位而削弱其强度和整体性进而造成塔身通体裂缝的不良后果			●		
10.塔下"地宫"是一种类似于现代高层建筑箱形基础的构造。在满足承重功能的条件下又可兼顾存放"佛舍利"之用,实乃一举两得			●	●	
11.质量上乘,工艺讲究。外壁采用干摆砌法,灰缝细如发丝,砖缝盆分,受力合理。为研究宋中期砖石类高层建筑的营造技艺提供了不可多得的实物素材	★		★		
12.为研究新郑地区佛塔建筑的发展演变提供了实物支撑。凤台寺塔香火鼎盛,每逢初一、十五,百姓云集于此,礼佛祭拜,已成为当地市民生活的一个组成部分,具有十分重要的社会文化功能				★	
13.凤台寺塔历经千年留传至今实属不易,若能通过保护维修及环境整治使其重焕光彩,并着意搜寻与之相关的各类文化元素,并加以融合继承,宣传推广,必将成为新郑乃至郑州日后发展的一张亮丽名片					★

（4）营造技艺

凤台寺塔整体砌筑工艺精湛，塔体各层砌筑手法符合结构力学原理，塔下设地宫，与现代高层建筑中箱形基础有异曲同工之妙，一层塔心室内顶部砖制仿木斗拱砌筑工艺精湛，各层外立面壶门券洞大小比例协调，集中彰显了中国古代匠人精湛的砌筑工艺和对使用砖砌体营造高层建筑中力学知识的娴熟运用，为研究北宋中期中原地区的砖石古塔建筑的营造技艺及设计理念提供了弥足珍贵的实物例证（图5.30）。

（5）建构逻辑

从以上对新郑凤台寺塔的各类研究中可以看出，我国古代匠人对于砖石古塔的营造建构逻辑其实在很多部位都以木构件为蓝本加以仿制。如首层塔心室内部叠涩檐下的周围砖制为仿木斗拱（图5.31），塔心室入口处的宋式券洞板门的门楣、立面等部位均以砖作为材料仿照木构模制而成。此外，塔身各层檐下转角处放置的木角梁，固然有固定风铎之用，但以当时的技术完全可以用砖石替代，或采用铁件来固定风铎，岂不更为耐久？由此足见我国古代建筑的木构营造技艺对于匠人的影响是根深蒂固的，乃至于即便是牺牲部分砖石材料的结构力学性能也要仿造出木构的建筑形象，这也许能够在一定程度上反映出郑州地区乃至我国古代砖石建筑在营造过程中的设计理念和建构逻辑吧！

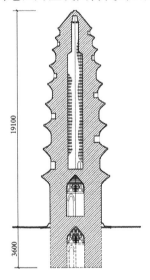

图5.30 凤台寺对壁剖面图

图5.31 一层塔心室斗拱

（6）保护修缮方案设计

中国传统古建筑历经数载的风霜雨雪及各类人为破坏保存至今实属不易，多数均已残破不堪，亟待进行彻底修缮并采取切实可行的措施加以保护。古建筑的修缮在我国古代是一门手艺，有专人以此为营生的，有着悠久的历史，因我国传统古建筑大多以木构架体系为骨架，以砖石及瓦件作为外部表层的围护结构而共同构成的，木构件之间多以榫卯互相连接，屋顶和墙体使用砖瓦石等无机质材料砌筑（图5.32）。由于木材本身存在易腐、易蛀、易燃、易裂等缺点，而砖瓦长期暴露于自然环境中易受风雨侵蚀而风化、酥碱及开裂，加之日常多疏于维护，致使我国的传统古建筑经常损毁，需要定期进行修缮，因此古人往往有"岁修"之说。一般百姓居住的房屋由于有人使用,稍微出问题了就能够及时得到修缮,但诸如塔之类的古代高层建筑,其往往与寺庙同建,在古人的世界观中将其看得与寺庙同等重要甚至还要超过寺庙本身,加之本身作为古时的高层建筑营造以来难度就比普通的民房要大,因此古塔在建造之初的设计理念、建筑选材乃至施工工艺等各方各面都比普通民房更为讲究,营造完成后本身质量也就相对更好,这也正是其能够保存更为长久的原因。但任何事物都有两面性,也正得益于古塔优越的建造质量,使得其维护周期要大大长于普通民宅,在盛世期间寺庙长存,住寺僧人也许还能定期检查古塔的安全状态,但在兵荒马乱的年代,因兵燹战乱繁多,人民疲于奔命,自顾不暇,寺庙作为古代统治阶级的精神寄托,往往也是受战乱攻击的重点,寺庙多毁于一旦,僧人也四散奔逃,古塔建筑得益于其本身无机质的砌筑材料虽可免于战火的焚毁,但也多自此便无人问津,荒凉破败,故而保存至今的古塔建筑历经朝代更迭的千百年风霜雨雪,已残破不堪,有些甚至已经倾颓。尽快对其进行彻底的修缮,使这些弥足珍贵的建筑遗产能够重焕生机并"延年益寿",采取切实可行的有效措施加强对其的保护,是我们亟待解决的重大课题。

图 5.32　传统砖木结构体系建筑

如前所述,郑州地区保存至今的古塔多用砖石或泥土等无机质材料砌筑,我国著名的现存最古老的砖塔,是建于北魏年间的登封嵩岳寺塔,它是采用砖和黄泥作为材料砌筑而成的,历经千年风霜依旧巍然耸立。此外,前文所举案例——新郑凤台寺塔建于北宋年间,也已在中原大地上矗立千年。笔者有幸参与了凤台寺塔的保护维修工程勘察设计方案的编制工作,并在修缮工程施工期间数次赴现场进行技术指导,在工程竣工验收后也曾多次赴现场考察施工效果,在此过程中搜集掌握了大量关于凤台寺塔的一手资料,主要包括修缮之初的现状保存照片、修缮过程中的施工照片、图纸以及工程勘察设计方案文字材料等,能够为本案例的研究阐释工作提供坚实的资料基础。

①凤台寺塔的赋存环境现状

据文献记载,与凤台寺有关的新郑八大景有溱洧秋波、塔寺晚钟等,每至秋期水月交明,鸥翔鹭集,景色宜人,冈岭重叠,竹木交映,钟声晚鸣。凤台寺塔修缮前,北边的双洎河河道堤防损毁严重,杂草丛生,污水横流,严重影响了遗址及其赋存环境的保存状况。凤台寺塔所在四周多为杂草和旱地,环境景观整体上呈现出一种萧条和破败感。塔身处于东、西、北三面紧邻断崖的高岗之上,塔体外墙至东、西、北三面高岗边缘距离分别为14 m、10 m、10.8 m,南侧为坡地,坡地下部为一片墓地,塔体距南侧坡地断崖最近距离为14.6 m。自凤台寺塔中心向西 25 m 为塑料厂车间,面积约 20000 m²,现已停止生产。建造厂房的大面积取土挖掘对塔西地形破坏严重。塔体所处平台西北方有一电线杆,自塔中心向东22 m 至断崖下和自塔中心向北 45 m 至断崖下分别建有临时性的养猪场和养牛场,这些临时性的养殖场在养殖过程中的废物排放严重影响了遗址区域的空气质量与土壤质量,严重破坏了遗址的保存环境。人为取土、建筑蚕食、开辟道路、耕种、栽种树木、竖立电线杆、垃圾堆放等使凤台寺塔目前的生存环境遭到极大破坏(图 5.33)。

凤台寺塔南侧的墓地

凤台寺塔北侧毗邻双洎河

凤台寺塔西侧废弃的工厂

凤台寺塔东侧

图 5.33　凤台寺塔测绘期间周围环境照片

②修缮前凤台寺塔本体保存情况

塔刹缺失,塔顶砖块脱落、松动,部分碎裂;塔体各层砖块风化、酥碱、松动,灰缝不同程度脱落,最上部三层尤甚;一层塔身外壁下部被后加水泥砂浆面层覆盖,底部现为后砌砖基座;一层东侧塔心室券门两立颊下部浮雕力士像头部残损,立颊正面与侧面阴刻题记残缺不全,立颊下部青石地栿部分残损;一层塔心室顶部叠涩砖部分砖块掉角;塔身各层檐角部砖块均有不同程度缺失,转角木角梁及风铃均缺失;塔身各层各面塔檐叠涩砖不同程度缺失、脱落;第七层南侧塔壁出现一掏洞,应为人为破坏,洞周围塔壁砖块风蚀、酥碱严重、灰缝脱落等;塔身部分屋檐部长有小树、杂草;塔下地宫被后砌水泥地面覆盖,详细残损状况不明;塔体周围所处台地杂草丛生,不利于排水,周围散水被浮土掩埋(图5.34)。

凤台寺塔东立面　　　　凤台寺塔南立面　　　　凤台寺塔西立面　　　　凤台寺塔北立面

图5.34　凤台寺塔本体各立面测绘期间现状照片

③病害成因分析

★自然侵蚀

冻融:凤台寺塔为砖砌体建筑,因风雨侵蚀使砖体吸水,在北方剧烈温差变化的作用下导致塔体内外壁砖砌体表面分子之间的范德华力逐渐被破坏,进而形成了砖砌体表面的开裂,在风蚀、日照以及温度应力的综合作用下逐渐酥碱。

降水:凤台寺塔各层塔檐转角处损毁尤为明显,其木质角梁梁头部位因常年暴露于自然环境中,经年累月在雨水侵蚀和日光照射等因素综合作用下而朽蚀,木构件吸水后加之虫害等其他因素的共同作用使得木角梁的糟朽日渐严重。

风化:凤台寺塔地处高台之上,周围无任何遮蔽物体,长期遭受风吹日晒、雨水冲刷以及经年累月"风蚀"的共同破坏作用,塔体表面尤其是迎风面出现了严重的风化现象,砌体表面也因此逐渐被剥蚀而失去原有的强度。

温差变化:凤台寺塔作为砖石砌体结构建筑,其塔体表面的损坏与砖块的化学成分及其受温差变化的影响不无关系。砖石材料乃矿物质组成的混合物,各元素的热膨胀系数各异,经常性的温差变化逐渐破坏了颗粒间的范德华力。砖块中充满了孔隙,夏季雨量充沛,这些孔隙遇水后被充满,很难挥发出去,在风力侵蚀的共同作用下加速了砖块的酥碱、剥蚀,使砖石表层疏松产生裂缝,温差、风化多造成砖石的鳞片状剥落。

生物病害:塔身外表面寄生有很多植物,且越靠近上层越多,植物根系的生长对塔体产生根劈破坏,使得砌浆流失,砖块松动后逐渐断裂、位移,边缘处的砖体受风力影响部分掉落缺失;鸟、鼠及昆虫等动物在塔身本体及周围的活动会对塔体产生不利影响,其排泄物与雨水混合后会产生酸性物质,从而腐蚀砖块,弱化结构致密性,从而进一步加剧了其他因素的破坏链条循环。

★砌筑工艺

凤台寺塔位于土台之上，其下部的粉质黏土本身易吸水，出现变软流动，或在地表径流作用下出现流失。在基础外围土体变软或缺失后，降水或地表径流渗入内部，容易冲蚀塔基的土，产生内部的空洞，在上部压力的作用下，造成对基础稳定性的破坏。地基变形和基础结构的破坏会导致塔体发生微小的倾斜、位移、变形，进而在塔体内部产生应力集中，从而形成裂缝，进一步降低塔体的完整性，又加剧和推动了塔体的各种变形破坏。

★人为破坏

历朝历代的连年征战，后世历代子孙出于使用功能需要对塔体进行的历次不当修缮，历代游人的刻画或肆意涂抹破坏等各类人为因素均对塔体的安全性及其历史真实性和完整性造成不同程度的负面影响；此外，当时人们对于塔体的祭拜活动所产生的烟雾亦对其造成一定程度的潜在不良影响并存在火灾隐患。

④整体安全性评估

根据现场勘查过程中对于凤台寺塔整体残损状况的记录和判定，依照古建筑结构可靠性鉴定标准及相关规范的要求，对其整体安全状态做如下评估：

现状勘察中未发现塔身明显歪斜或局部不均匀沉降现象，证明凤台寺塔的地基和基础目前处于相对稳定状态。

塔体整体残损程度较为严重，建筑承重结构中关键部位的残损点或其组合（如塔身各层转角处角梁缺失后形成的空洞以及塔身部分砖块的脱落等）已影响结构安全和正常使用，有必要采取加固或修理措施，但尚不致立即发生危险。

根据《古建筑木结构维护与加固技术标准》（GB/T 50165—2020）"结构可靠性鉴定"要求，可将凤台寺塔的残损程度评定为Ⅲ类，对其的修缮应当采取以现状加固类型维修为主的局部整修措施。

⑤保护性修缮措施及工艺做法研究

如前所述，凤台寺塔目前的残损现状较为严重，病害成因构成亦较为复杂，对于其保护维修方案的制定应该在秉持相关文物建筑修缮原则的前提下抽丝剥茧，分步分类按计划实施。应首先对其所处的现状环境进行综合治理，可在清理塔基周边淤土后按传统工艺及做法加做青砖散水；而各层塔壁、塔檐及顶层塔刹等建筑本体部分则应以现状加固为主，局部修复为辅。根据文物建筑保护修缮过程中所应秉持的真实性、完整性、最小干预以及可逆性等原则，可采取如下具体修缮措施（设计方案见图5.35～图5.38）：

★塔体不当维修的处理

将塔壁后人临时补砌部分拆除，清除下部水泥抹面，参照原砌法并采用与塔体砖块相同规格及材质的青砖补配完整；清除一层塔心室内现状水泥地面，依照原地砖尺寸和材质补配完整；散水部位做法采用与塔体砖块相同规格及材质的青砖重新铺墁，进一步完善散水周边场地防渗等具体材料和做法要求。

★塔壁污染物的清洗

根据以往国内对于砖石砌体结构外表面材质去污的经验判断,可采用微粒子喷射法进行清洗,操作过程产生的飘尘用真空吸尘器清除。微粒子喷射清洗所使用微粒子材料、微粒子的大小和气流压力等必须根据被清洗文物的材料、部位和污垢等具体情况精心选择,以保证既达到清洗目的,又不对文物造成伤害。先小面积试用,确定对塔身本体原材料无害时方可大面积使用。

★塔体砌块局部特征性残损的修缮

用相同材质的砖块剔凿挖补塔身内、外壁砖块剥蚀、风化、酥碱的部分;出于最大限度保存文物建筑历史信息的考虑,酥碱深度小于 1.5 cm 的砖块则维持现状,不做处理。先将需要修复的地方进行清理,然后按原砖规格重新砍制,砍磨加工后原位镶嵌,内部孔隙用白灰膏填实,砌缝处用灰浆喂实。剔凿挖补砌体外皮时,做到新旧砌体咬合牢固,砌缝平直、浆液饱满,外观保持原样。

★塔身裂缝的修缮

裂缝是砌体结构建筑常见的一种病害,就其性状及对应的成因而言大体可分为三类:综合应力裂缝、不均匀沉降裂缝和砌浆流失所致的裂缝。对于裂缝的修缮首先一定要准确判断其成因,依据不同成因“对症下药”,切不可做臆测性修缮。对于凤台寺塔而言,其保存千年至今,沐雨栉风,塔身不可避免地存在较多裂缝,这些裂缝宽度不一、形状各异,成因亦各有不同。在充分考证了国内目前对于其他砖砌体古塔的裂缝修缮措施后,提出针对凤台寺塔的裂缝修缮思路:对于缝宽小于 5 mm 的非墙体通缝,灌浆后用白灰浆勾缝即可;对于缝宽大于或等于 5 mm 的裂缝,则需要对其进行定期监测,观察裂缝的发展趋势并据此分析其成因。监测的方法可采用裂缝宽度仪,并于合适位置设置红外线感知装置,定期观察裂缝宽度仪的刻度数值,记录裂缝的发展状况,建立裂缝宽度发展与时间的关联函数,并结合材料力学性能与塔体环境数据等因素综合分析出裂缝的可能成因并据此制定切实有效的修缮措施。

★塔檐部分残损的处理

塔檐转角处木角梁缺失的,依角梁所处位置的孔洞尺寸大小补配安装后补砌完整,补配的木角梁梁头外皮依势与补砌的叠涩砖外皮平齐,外露面断白并做防腐、防虫处理。

塔檐转角处仍保存有木角梁残件的,外露部分表面平齐的剔除表面糟朽部分后喷涂两道有机氯合剂进行防腐、防虫处理,之后补配断裂缺失部分长度至补砌塔檐叠涩砖外皮。

残件外露部分表面为劈裂状断茬的,砍去断茬并剔除表面糟朽部分后,补配残缺部分至平齐表面后重复上述操作。在木角梁上表面做铅板,并向梁两侧面弯折边沿扣合,以防雨水侵蚀和糟朽劈裂。

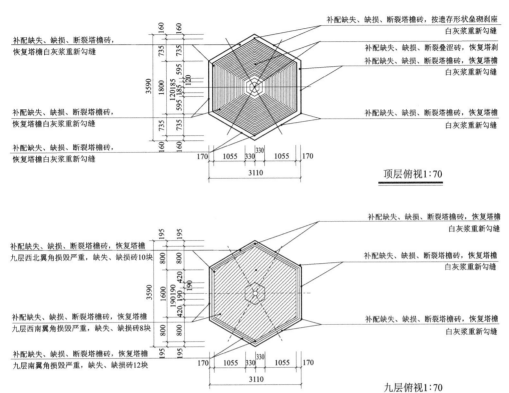

顶层俯视1:70

九层俯视1:70

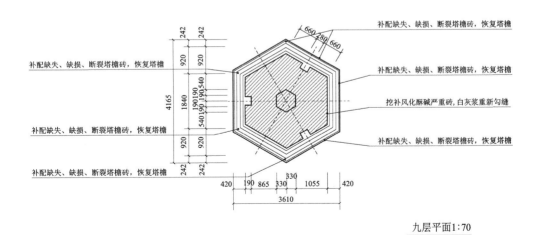

九层平面1:70

图5.35 凤台寺塔保护维修勘察设计方案施工图举例(平面)

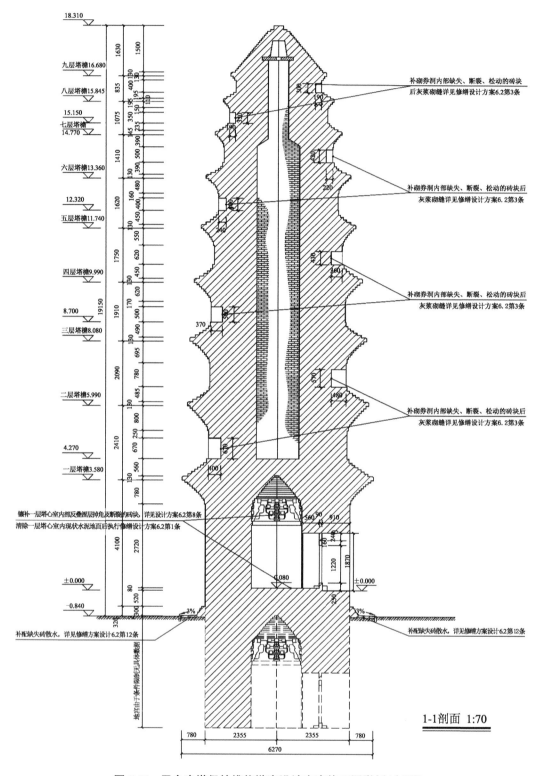

图 5.36　凤台寺塔保护维修勘察设计方案施工图举例（剖面）

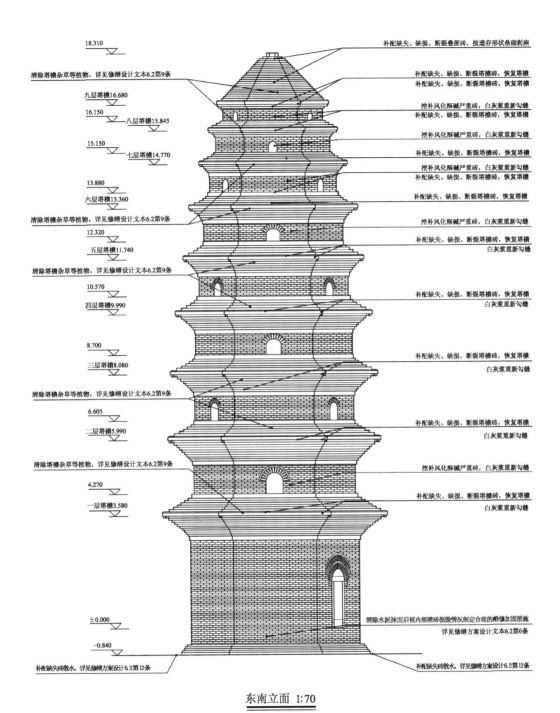

18.310

补配缺失、缺损、断裂叠涩砖,按遗存形状鱼鳞剥蚀

清除塔檐杂草等植物,详见修缮设计文本6.2第9条

补配缺失、缺损、断裂塔檐砖,恢复塔檐
补配缺失、缺损、断裂塔檐砖,恢复塔檐

九层塔檐16.680

16.150

挖补风化酥碱严重砖,白灰浆重新勾缝
补配缺失、缺损、断裂塔檐砖,恢复塔檐

八层塔檐15.845

15.150

挖补风化酥碱严重砖,白灰浆重新勾缝
补配缺失、缺损、断裂塔檐砖,恢复塔檐

七层塔檐14.770

挖补风化酥碱严重砖,白灰浆重新勾缝
补配缺失、缺损、断裂塔檐砖,恢复塔檐

13.880

补配缺失、缺损、断裂塔檐砖,恢复塔檐

六层塔檐13.360

清除塔檐杂草等植物,详见修缮设计文本6.2第9条

挖补风化酥碱严重砖,白灰浆重新勾缝

12.320

补配缺失、缺损、断裂塔檐砖,恢复塔檐
白灰浆重新勾缝

五层塔檐11.740

清除塔檐杂草等植物,详见修缮设计文本6.2第9条

10.570

补配缺失、缺损、断裂塔檐砖,恢复塔檐
白灰浆重新勾缝

四层塔檐9.990

8.700

补配缺失、缺损、断裂塔檐砖,恢复塔檐
白灰浆重新勾缝

三层塔檐8.080

清除塔檐杂草等植物,详见修缮设计文本6.2第9条

6.605

补配缺失、缺损、断裂塔檐砖,恢复塔檐
白灰浆重新勾缝

二层塔檐5.990

挖补风化酥碱严重砖,白灰浆重新勾缝

4.270

补配缺失、缺损、断裂塔檐砖,恢复塔檐
白灰浆重新勾缝

一层塔檐3.580

±0.000

清除水泥抹面后视内部墙砖损坏情况制定合理的维修加固措施
详见修缮方案设计文本6.2第6条

−0.840

补配缺失砖散水,详见修缮设计方案6.2第12条

补配缺失砖散水,详见修缮方案设计6.2第12条

东南立面 1:70

图5.37 凤台寺塔保护维修勘察设计方案施工图举例(立面)

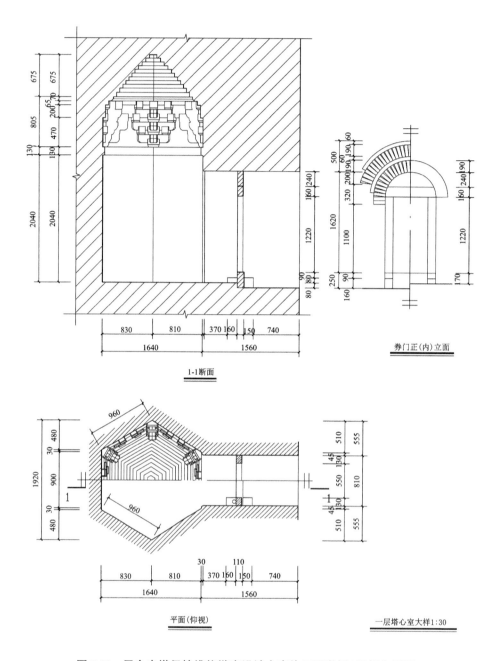

1-1断面

券门正(内)立面

平面(仰视)

一层塔心室大样1:30

图5.38 凤台寺塔保护维修勘察设计方案施工图举例(局部大样图)

★塔刹残损的处理

清除塔刹表面杂草,补配塔刹部位缺失的砌砖,依刹座形状做叠涩,顶部用三层砖块封盖严实,并用油灰勾缝以减少雨水下渗,确保塔顶无渗漏、排水通畅。

★塔体表面植物病害的处理

清除塔身外侧所有塔檐上的小树及杂草后用灰浆重新砌缝,灰浆内可加入适量的除草剂,以消除水害与植物根系生长条件;之后将枯萎死亡的乔木根系用锐利的器具小心铲除,切不可强行拔出,避免对塔体结构造成人为的"修缮性破坏"。

★地宫的处理

由于地宫深埋地下,历史上曾遭到严重破坏,1986年塔身加固维修期间被水泥封堵,从目前情况看,地宫整体处于稳定状态,可维持现状,定期监测。

⑥保护性修缮效果及经验总结

凤台寺塔的保护修缮工程于2018年3月开始启动,至11月完工,历时8个月。修缮后的凤台寺塔,屹立在双泊河畔,雄伟壮观,不仅是新郑市古建筑的代表之一,更是人们感受厚重历史文化的重要窗口,成为当地群众休闲游玩、共享文化遗产保护成果的好去处(图5.39)。回顾凤台寺塔保护修缮工程从设计到施工再到竣工投入使用的全过程,可总结出如下几条具体经验:

通过梳理由唐至宋中原地区砖石佛塔建筑的风格特征和营造技艺,总结凤台寺塔的历史价值,合理确定保护维修技术路线。

对各种残损及病害进行详尽的现场勘查、成因分析,在"最小干预"原则基础上制定有针对性的保护维修措施。

在必须采取必要的维护加固措施时,不应对塔身结构造成损害,并应具有工程可逆性。

在建筑构造信息充分的情况下,严格遵循原材料、原形制、原工艺、原做法的"四原"原则,使用新材料及新工艺都必须进行前期试验,确认对原有结构和材料无害。

图5.39　修缮过后的凤台寺塔风貌

在建筑历史原貌及做法依据不充分的情况下,不做主观臆测或盲目推断,而是按照"不改变文物原状"的原则进行"保护性修缮"设计。

5.4.3　特殊类型建筑遗产保护传承的经验与启示

古塔建筑作为建筑遗产特殊类型的物质载体,真实地记录了中国古代匠人们在有限的技术条件下挑战修造高层建筑的智慧和勇气,并在历经千年的风霜雨雪中得到了成功的验证,是我们伟大中华民族祖先卓越营造理念、技艺及智慧的集大成者,代表了我国古代建筑营造技术的最高水平。如何在经济高速发展的当今社会守住民族传统文化的根脉,我们认为,应首先加强对不同地区保存至今的古塔建筑进行详细的基础调研,以建筑史学的研究方法和观察视角对其进行详细的法式测绘和记录,从中探寻其营造理念、技艺及逻辑规律,以期在某种意义上实现与古代匠师的"跨时空对话",最大限度地掌握其真实的历史信息,从而保证后续对其的保护性修缮能够最大限度地延续其"历史原真性"。

因大多数古塔保存至今都已残破不堪,有些甚至已经倾颓,亟待整饬修缮。对于文物建筑的修缮就如同医生给患者治病一般,首先要依据其症状来判别病因,具体到修缮工作本身就是要仔细勘察古塔等文物建筑本身现状各类型的病害及残损状态,从残损性质和残损程度两个方面对其进行准确界定,并以环境的整体视角多方面、全方位地甄别各类病害及残损的成因,找寻各类成因的作用机制和致损效应,并将各类成因和残损现状进行整合、统筹分析,最终得出古建筑当前的结构安全性鉴定结论,在此基础上综合运用建筑学、遗产保护学、材料学以及土木工程学等多学科的知识和经验,针对其病害成因和程度制定切实可行的保护性修缮措施,并依据保护需要适时提出分步实施计划和实施效果的检验标准,由此彻底实现对文物病害的诊治和消除,并在最大限度保存历史信息的基础上使其"延年益寿"而非"返老还童"。

郑州现已被国务院确定为"国家中心城市",也正在加快建设"华夏历史文明传承创新基地中的全国重地"。未来郑州的发展应迎来历史性的飞跃,作为文化软实力的建设当然不能缺席。在不远的将来,郑州将进一步深挖印刻有城市记忆标签的历史文化空间,愈加关注宜居城市建设、存量用地改造、特色小镇、乡村振兴、生态遗址公园等能够提升城市整体品质的方方面面,在整个市域空间层面着力构筑全方位、多尺度、系统化的景观空间体系,发挥文化遗产的精神塑造功能,使之真正成为提升城市综合竞争力的"软实力"。在这个历史性的伟大进程中,加强对郑州地区现存文物建筑的保护与研究,特别是那些代表了郑州乃至中原地区传统文化及营造技术的最高水平的高层古代建筑——砖石古塔,对它们的营造技法、价值体系、历史信息及传统文化等方面的研究将具有重大意义。

5.5　中原建筑遗产活化利用典型案例

建筑遗产的保护是为了更好地利用,而利用从某种意义上来讲也是一种极为有效的保护,这二者相辅相成,密不可分。一直以来,郑州地区的建筑遗产活化利用事业始终秉承国家相关法律法规和政策导向,充分借鉴国内外优秀案例的成功经验,结合自身建筑遗产的地域特色和利用条件,在不断的尝试和创新积累下,也发展出了独具地方特色的建筑遗产活化利用"中原印象"。

5.5.1　已开放建筑遗产组织管理层面的活化利用创新案例

5.5.1.1　综合开放典型案例——郑州城隍庙、文庙

郑州城隍庙(含文庙大成殿)为第七批全国重点文物保护单位,包括郑州城隍庙和郑州文庙两处文化遗产,位于郑州市中心城区,是郑州市区内现存历史最悠久、保存最完整,并能反映中原古建筑艺术特色的明、清古建筑群。郑州城隍庙作为传统民俗文化的载体和象征,郑州文庙作为传统儒学文化的载体和象征,两处古建筑的保护和展示利用意义重大。

因位置紧挨郑州商城遗址,城隍庙、文庙均由郑州商都遗址博物馆管理。除了用作单位的办公场所外,还免费开放。城隍庙部分建筑已被开辟为参观游览场所,并举办"郑州历代名人展"等一系列展览。文庙每年举行"春祭""成童礼""成人礼""敬师礼""国学讲

堂""道德讲堂"等一系列教育活动,2006年起,郑州文庙在每年元旦都举办撞钟活动,邀请社会各界知名人士齐聚文庙,举办"孔子印象展"等专题展览(图5.40),各界嘉宾代表撞响新年祈福迎祥的大成钟,共同迎接新年到来。这一传统民间习俗活动的举办,让更多的群众感受到传统文化的回归、节日的喜庆氛围。

图5.40　孔子印象展

　　近年来,城隍庙、文庙已成为全体郑州市民喜爱的公共开放场所。保护管理机构郑州商都遗址博物院在古建筑保护方面,取得了许多宝贵的经验,也荣获了许多荣誉,如文物系统先进单位、文物安全工作先进单位、全国爱国主义教育基地、国家级AAA级旅游景区、全国文物保护先进单位、省级文明单位、省级卫生先进单位、河南省大中小学生德育基地、郑州市对外宣传教育基地、全市文物宣传先进单位等。由于有专门的保护管理机构,郑州城隍庙、文庙在开放利用方面,无论是日常维护还是展示效果,都是值得推广和提倡的。

5.5.1.2　景区开放典型案例——密县县衙

　　密县县衙位于新密市古城十字街北侧,始建于隋朝,历经隋、唐、宋、元、明、清各朝代,清康熙年间大规模重修。整个建筑群坐北朝南,青砖灰瓦,古朴典雅,是目前国内保存下来历史悠久、规模较大、具备明清建筑风格的县级衙署。中轴线建筑自南向北共分五进九层,全长超300 m,面积超4万 m²,主体建筑有大门、莲池、仪门、戒石坊、月台、卷棚、大堂(牧爱堂)、二堂(三鉴堂)、三堂、大仙楼、后花园。中轴线两侧有八班房、六曹房、赞政厅、架阁库、典史宅、东西花厅、东西内书房、退思堂、草亭院、寅宾馆、萧曹祠、监狱、马厩院等建筑,尤其是县衙内的莲池、囹圄、暗道,国内罕见。县衙一直沿用至2003年,其连续使用时长在同类建筑中堪称世界之最。2006年6月,密县县衙被公布为河南省第四批重点文物保护单位。

　　密县县衙维修工程于2010年1月开工,竣工后设立专门的保护管理机构,并作为景区对外开放,由新密市古城县衙开发委员会负责管理和运营,年接待游客量3万~5万人次。在对密县县衙建筑进行展示的同时,还利用文物建筑举办新密市民俗民风等主题展览。目前,密县县衙成为郑州市重要的廉政教育基地(图5.41),亦成为青少年爱国主义教育基地、郑州市"十佳"青少年校外活动教育基地,充分发挥了文化遗产资源应有的社会价值和教育功能。

图 5.41 密县县衙

5.5.1.3 自然开放典型案例——荥泽县城隍庙

荥泽县城隍庙为河南省文物保护单位,位于国家级历史文化名镇古荥镇中心。2010年,由河南裕达古建园林有限公司实施落架大修,配补斗拱,抬升基础,配补瓦件脊饰,替换糟朽椽子,修补劈裂糟朽梁架等。修复完成后,由古荥冶铁遗址博物馆代为管理,平时由业余保护员巡查管理。城隍庙平时为自然开放状态,常有人前去烧香。为更好地传播、传承优秀传统文化,文化和自然遗产日期间,郑州市古荥汉代冶铁遗址博物馆邀请幼儿园师生走进荥泽县城隍庙,开展"手牵手保护文化遗产,心连心传承民族精神"博物馆文化体验课活动,取得了良好效果(图 5.42)。但由于没有专门的保护管理机构,且位于古荥轧花厂厂区范围内,荥泽县城隍庙的日常开放活动较为受限,其文物建筑的价值和内涵也没有得到充分地展示。

图 5.42 荥泽县城隍庙开展学生文化体验课

5.5.1.4 自然开放典型案例——新郑考院

新郑考院,曾为清代科举考试中的县试场所,位于郑州所辖县级市新郑市黄帝故里景区附近。中华人民共和国成立后,考院一直作为教育场所,曾经做过学校,后来在此设立印刷教学资料的印刷厂,直到废弃不用。考院目前保存的有东侧一进四合院和西侧南北考舍各16间,西北部高台上还有花厅5间,现为河南省文物保护单位。2016年文物部门对其古建筑进行了全面维修,2019年又在本体修缮的基础上进行了陈列布展,建成了考院博物馆(图5.43),主要展示科举制度相关内容。依托黄帝故里景区进行开放展示,系统宣传普及科举制度等传统文化,打造成为传播传统文化的教育基地。

图5.43　新郑考院修缮过后被当作博物馆使用

5.5.1.5 对特殊人群开放典型案例——太室阙

太室阙位于嵩山太室山前中岳庙南约500 m处,原是汉代太室山庙前的神道阙,始建于东汉元初五年(118年),与少室阙、启母阙并称为"中岳汉三阙"。太室阙由凿石砌成,分东西二阙,由阙基、阙身、阙顶三部分构成。阙顶以巨石雕砌四阿,阙身表面遍施雕刻铭文,图案各异,浑厚古朴,是古代祭祀太室山神的重要实物见证,也是中国古代祭祀礼制建筑的典范之一。

1942年,为防止太室阙遭受破坏,当时的中岳风景区整建会为其修建了5开间硬山灰瓦顶砖木结构保护房(图5.44),已成为全国仅存的唯一一处民国年间文物保护设施,被称为"保护文物的文物"。鉴于太室阙的重要性及保护房空间有限,目前并未完全对外开放。专家学者或有特殊需求的人群在征得当地文物部门许可后方可进入太室阙保护房参观。

图 5.44　位于嵩山中岳庙中轴线南端的太室阙保护房

5.5.2　待开放建筑遗产展示设计层面的活化利用创新案例

建筑遗产的开放展示作为彰显其历史文化内涵的最直接有效的利用手段,一直以来都是遗产所在地政府十分关注的事情。郑州在遗产保护展示利用层面与生态保护相结合,在全国范围内首次创新性地提出了"遗址生态文化公园"的概念,对当地诸多拟开放展示的建筑遗产地事先编制遗址生态文化公园概念性方案设计,并组织行业专家对方案进行评审,通过审核之后履行相关建设报批程序着手建设,建成投入使用以后取得了社会各界的一致好评,由此探索出了一条将文化空间与生态空间相结合的遗产活化利用之路。本书选取个别案例进行详细阐述。

5.5.2.1　寿圣寺双塔遗址公园简介

（1）遗产区位

寿圣寺双塔始建于宋代,现位于经开区黄店镇冉家村东约 500 m 处的双塔岗上。原有寺庙已毁,双塔仍存,占地面积约 68.4 m²。地理坐标为北纬 34°29′51.3″,东经 113°59′32.6″。距河南省郑州市区、开封约一小时车程,距中牟及新郑、尉氏约 40 分钟车程,距新郑国际机场约半小时车程,处于郑州、开封、新郑的黄金三角地带,交通极为便利,区位条件优越(图 5.45)。

（2）遗产概况

寿圣寺双塔的遗产本体位于双塔岗寨墙中部稍微偏南的位置,由东、西两座塔构成,塔身外皮相距约 20 m,均为六边形楼阁式砖塔。东塔现存 4 层,高约 17 m,塔身东面辟门,底层有图案纹饰,每面均雕有坐佛一排;西塔现有 7 层,高约 30 m。两塔均用青砖垒砌而成,外部每一层檐下部置砖雕斗拱、券门、真窗和盲窗;西塔底层周围和塔道内壁砖雕坐佛百余尊,东塔仅底层外墙周边有一圈佛像;双塔每层均辟券门或券窗,塔内有塔心室和螺旋式蹬道,可盘旋上塔。塔身第一层边长和层高较大,向上逐层递减,双塔皆无明显塔刹,顶部青砖砌筑留有砖茬,似未完工(图5.46)。塔的始建年代无考,据塔的风格和建筑结构判断应为北宋晚期建筑。

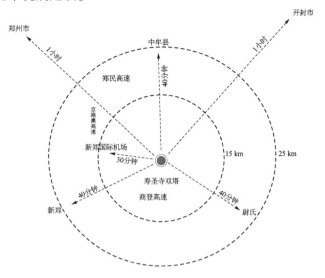

图 5.45 寿圣寺双塔区位图

图 5.46 寿圣寺双塔现存遗产本体构成

（3）历史沿革

寿圣寺双塔原为寿圣寺的一部分。据传寿圣寺始建于唐，兴于宋，因寺内有宋代所建双塔而俗称为"双塔寺"。

★明正德十年（1515 年）《中牟县志》："双塔寺，在畐泽保。"

★明万历十四年（1586 年）《重修寿圣寺天王殿碑记》："大明国河南开封府中牟县迄南六十余里畐泽保岗阜岭，古迹寿圣，名乃双塔寺，历代□唐，建修年久，倾颓废坏，有僧惠进、徒僧性敫发心，就于万历乙酉年（1585 年），诱引十方施主申朝岱等各发诚心，重修天王殿宇三间并山门一座，焕然一新，开列于后：水陆堂五间，中佛殿三间，十王殿三间，伽蓝殿三间，祖师殿三间，到（倒）座观音水陆圣像共□十□，□立碑记。大明□□（应为万历）十四年十月吉日立"。

★明天启六年（1626 年）《中牟县志》："化城寺、双塔寺、兴果寺，皆畐泽。"

★清乾隆十九年（1754 年）《中牟县志》："寿圣寺，在县南帛泽里，寺有双塔，高十丈许，今呼为双塔寺。"在"县境全图"中描绘了双塔形象。

★清嘉庆四年（1799 年）《重修寿圣寺并金妆神像碑记》："吾牟南之寿圣寺，其来旧矣，建自大唐，代有重修，两塔耸立，为一方巨观。近为风雨所蚀，殿宇神像岩将颓……己未春，近寺诸公慨然有□新之志……不几而殿宇、神像、禅堂、垣墉略为复观，虽曰人之力，亦神之德也。爰勒诸石，以垂不朽云。"

★清同治九年（1870 年）《中牟县志》记载与乾隆十九年县志相同，且也在"县境图"中描绘了双塔形象。

★民国 25 年（1936 年）《中牟县志》："寿圣寺：在县西南李寨里，寺有双塔，高十丈余，今呼为双塔寺。庙宇十余间，今仍存。"

★20 世纪 50 年代，寿圣寺建筑悉数被毁，仅余双塔。

（4）建筑形制剖析

寿圣寺双塔虽经数百年风剥雨蚀，人为破坏，仍傲然挺立，塔四周有内寨和外寨双重土寨墙，至今保存完好。双塔平面均为六角形，建筑形式为多级楼阁式砖塔。塔内置塔心柱、塔心室，塔内做直斜式和迂回盘旋的砖砌楼梯蹬道，旋转而上可达顶层；塔身每层设真假门窗；转角砌棱形倚柱，整座塔逐层收敛，层高均匀递减，高耸挺拔，呈秀丽的抛物线形，具有典型宋代砖石建筑遗构特征。其具体做法如下：

①所用砖料均经过磨制：塔壁面砖与砖之间用白灰浆黏结；壁体内砖则用黄泥浆黏合。

②砖规格上：墙体主要用砖规格为 40 cm×19 cm×6 cm；方形佛像砖规格为 32 cm×29 cm×6 cm。墙体砖砌法为条砖垒砌数层顺砖后，再砌一层丁砖而成。

③拱券和叠涩的使用：双塔门窗洞口均为券顶式；东塔底层佛龛采用铺作天花藻井，西塔底层佛龛则采用转角叠涩天花藻井；内部蹬道顶多为叠涩式，西塔六层以上的内部梯道券顶部分位置则采用拱券与叠涩兼用的做法。

④双塔的墙壁转角处均砌有菱形砖倚柱：其主要作用一则用于承托转角铺作，二则也相当于现代砖混建筑中的构造柱，大大增强了双塔塔身的整体刚度和抗倾覆性。

⑤檐部仿木结构做法：双塔各层各面墙体顶部皆置两层平砌砖拔檐，主要是用于承托

檐下的铺作层,同时这种凸凹有致的处理手法也大大地增强了塔身外立面的层次感和韵律感。

⑥砖制仿木铺作层:双塔檐部及西塔平座下均施砖制仿木铺作层。东塔除四层各边为单抄四铺作外其余皆为砖制双抄计心造五铺作,补间铺作一层每边各置5攒,二至四层每边各置4攒,转角铺作每层各面转角处各置1攒。西塔除顶层檐部和二层平座下方为单抄计心造四铺作之外其余各层檐下皆为双抄计心造五铺作,檐下补间铺作一层每边置6攒,二至四层每边置5攒,五、六层每边置4攒,七层即顶层每边置3攒;转角铺作每层转角处各置1攒。二至五层每边均施有平座,平座下方亦采用仿木铺作层承托,其中二层平座下方补间铺作每边置4攒,均为单抄计心造,三至五层平座下方的补间铺作造型与其檐下铺作层相同,其中三层每边置4攒,四、五两层每边置3攒,转角铺作每层转角处各置1攒(图5.47)。

图5.47 西塔外檐下砖仿木铺作层

⑦券门及券窗做法:东塔一层东西两面各辟券门、圆拱。通过西门可进入一层塔心室,心室正方形,由砖仿铺作层和砖叠涩共同构成八边形天花藻井。通过东门可进入塔内楼梯蹬道,直上二层。东塔各层均辟有半圆形拱券窗洞。第二层正西辟半圆拱券窗,再向上每隔一面辟一同样形式的券窗,如第三层在东北侧辟券窗,第四层在东南侧辟券窗。因塔身越向上层高越低,故券窗的高度也逐层递减,二层至四层共置三券窗。此外,塔身各层还在不同方位的外墙表面饰有砖雕球纹格眼盲窗、直棂盲窗和砖雕盲门等造型,给本身就已经十分壮观的塔身更平添了几分艺术感,使其产生了更强的视觉冲击力。除了饰有砖雕的墙面之外其他各面均为素面。

西塔一层东西两侧也各辟券门、圆拱,通过东门可进入一层塔心室,心室正方形,顶部由砖反叠涩构成八边形天花藻井。通过西门可进入塔内楼梯蹬道,直上二层。西塔一至三层的外墙不同方位辟有半圆形拱券窗洞,四至七层外墙的不同方位则辟火焰顶形券窗,塔身从一至七层外墙各面均饰有表情不尽相同的砖雕佛像,雕工精湛,栩栩如生

（图5.48）；加之此塔高耸挺拔，从远处观望着实蔚为壮观。二层的东侧和西南侧均辟有半圆拱券窗，通过此窗可进入二层塔心室，心室正方形，顶部由砖反叠涩构成八边形天花藻井，除入口侧外内壁其余三面每面均置七尊砖雕佛像；西塔各层券门、券窗开辟面也均置有数量不等的砖雕佛像，与周围各面相一致，从整体上达到了协调、统一的立面效果。

图5.48　西塔外墙表面的砖雕佛像造型

⑧仿木结构构件做法：平板枋、挑檐枋、檐椽、飞椽、大小连檐等外檐装修均采用砖砌仿木构做法，各层各面屋檐由大量砖块垒砌而成，屋面坡度较为平缓，檐口处砖块被磨成板瓦状，各翼角置砖砌仿木角梁。

（5）价值构成及评估

①历史价值

寿圣寺双塔是郑州自唐宋以来经济社会文化发展的重要见证。中牟县文明溯源久远，历史悠久。8000年前，华夏先民即在此繁衍生息。中国最早的奴隶起义——崔苻泽起义，蜚声中外的官渡之战，均发生于此。自唐宋以来，寿圣寺双塔是中牟灿烂历史的重要见证之一。寿圣寺双塔修建于宋代，在当时属于国家政治、经济、文化中心汴梁（开封）的近畿地区，是反映宋代京畿经济、社会、文化等各个方面特别是佛教文化的传播与发展情况的重要实物见证。

②科学价值

★寿圣寺双塔具备典型的河南宋塔特征，是研究寺院、佛塔形制演化的重要实物资料。

杨焕成在《河南宋代建筑浅谈》（《中原文物》1990年第4期）中提到：国内现存宋塔，绝大多数为八角形，少数为六角形，这已成为鉴定宋塔的基本特点之一。而我省境内的宋塔则与此相反，现存的36座宋塔中，六角形塔竟达21座，此为河南宋塔的一个重要特点。除此之外，河南境内宋代佛塔绝大多数为楼阁式。檐下所施斗栱，与唐代大不相同。唐代斗栱比较简单，且仿木构件不够完善，而宋代斗栱比较复杂，仿木构件进一步完善，不少塔的壁面砖间嵌砌有雕刻精美、形象各异的佛像雕砖，具有较高的艺术价值。壁面砖用白灰浆黏合，壁体内的砖仍用黄泥浆黏合，表现出唐宋黏合剂的嬗递关系。大多数塔内设有迁回盘旋的砖砌梯道,克服了宋以前塔内用木楼板、木楼梯易损毁的缺点,使塔体更加稳固。塔身上设真假门窗,宋代早期的门窗多集中于塔身同一方位,中期以后门窗逐层变换方位,这种通过变换门窗方位增强塔体稳定性的做法,体现了宋代建筑技术的进步。塔身下部多设有基座,一部分塔的腰檐上置有斗栱平座或仰覆莲平座……

这些河南宋塔的典型特征,在寿圣寺双塔中都有体现,而在双塔之间又有区别,如西塔有斗栱平座而东塔无平座,双塔对盲窗、假门、佛像砖的运用也有繁简之别,体现了典型性与多样性的统一。

★寿圣寺双塔建造技艺高超,是反映宋代营造技术高度发达的重要实例。

寿圣寺双塔结构合理,运用多种设计手法来增强塔身整体稳定性。双塔主要建筑材料为青砖、白灰、黄黏土等。壁面均由青砖垒砌而成,砌砖方式为多顺一丁式。砌筑时加白灰浆,灰浆饱满,粘结牢固,灰缝岔分。塔身平面逐层内收、高度逐层递减,形成了柔和的曲线轮廓。诸层券窗位置隔层变换方位,分散了荷载的薄弱点,使得塔体每面重量、刚度对称,同时也形成了具有韵律的立面造型。梯道为宋代砖塔建造工艺中较常用的"壁内折上"式,梯道置于塔身之内,随外墙而转折,逐级而上直达塔顶。塔内梯道逐层变换方向,设置均匀合理,避免了由于隔层门窗同一方位,削弱其强度和整体性而易造成塔身裂缝的缺陷。塔内外的券门、券窗及梯道顶运用了拱券、叠涩等技术,塔体、塔心柱较厚,过廊空间较小,每层檐下设拔檐,墙壁转角处均砌有菱形倚柱,增强了塔身的整体稳定性。这些皆是寿圣寺双塔历经沧桑,主体结构至今较为完好的原因,也从一个侧面反映了宋代砖石结构抗震技术的进步,具有较高的科学价值,对于现代建筑具有相当高的参考价值。

③艺术价值

寿圣寺双塔是研究宋代建筑风格及砖雕艺术的重要实物。寿圣寺双塔外观古朴大方,造型优美独特,塔身平面逐层内收、高度逐层递减,外轮廓呈抛物线形。各层壁面顶部皆置两层平砌砖叠檐,丰富了塔身外立面的层次感和韵律感。细部构件衔接搭配合理,斗拱磨制细腻,双塔底层周围和塔道内壁砖雕坐佛百余尊。每层有券门,券门外饰浮雕兽头。西塔曾经维修,塔外壁佛像砖保存较好,各层各面砖雕佛像种类达9种,门窗和佛像砖雕刻精湛,形态逼真,富于变化,细部处理得当,充分体现了当时建筑艺术的水平。

④文化价值

★寿圣寺双塔反映了外来的佛教文化与中国传统文化的融合。

佛教自汉代从西域传入中原,在中国发展壮大的同时,也在不断地与本土文化相融合,到宋代时,这种融合已经达到了相当深入的程度,这在寿圣寺双塔中也有所体现。

据李治中《来自高柴的寿圣寺文化现象》(《文化学刊》2011年第4期)考证:全国各地以"寿圣寺"为名的寺庙数量甚多,分布较为广泛,目前比较知名的有陕西西安、合阳,山西乡宁、芮城、万荣、阳城、河南商水、太康、中牟、江苏姜堰、宿迁、浙江长兴、广西桂平等处。但"寿圣"这一词汇并非出于佛教典籍,"寿圣寺"这一名称的使用始于北宋治平年间,很多早建的寺院虽另有寺名,但是集中于北宋治平、熙宁年间被朝廷赐额更换为"寿圣寺",其原因在于嘉祐八年(1063年)宋仁宗去世,其子宋英宗以仁宗生日为寿圣节,朝廷出于对寿圣节的高度重视而频繁以"寿圣"赐额寺院。由此可见,寿圣寺这一名称本身就是佛教文化与中国传统的儒家孝道文化相结合的产物。

寿圣寺双塔的建筑类型是最具有中国特点的楼阁式塔,塔身表面所雕刻的仿木斗棋和直棂盲窗等,都是对中国传统木构建筑的模仿,从建筑实物层面体现着两种文化的深度融合。

★寿圣寺双塔凝聚了浓郁的中牟传统民俗文化。

"中牟圣寿寺双塔的传说"已列入郑州市市级非物质文化遗产名录。代表性传承人、寿圣寺双塔保护园负责人冉钢敏长期收集、整理、传播双塔的故事、传说等,已出版《双塔的传说》和《中牟县双塔岗地域志》。"寿圣寺古庙会"已被列为中牟县非物质文化遗产名录。每年农历正月十六会在寿圣寺双塔举办庙会,前后持续20多天,影响远至尉氏和新郑。

⑤社会价值

寿圣寺双塔是中牟及周边地区民间商贸和公共生活的重要场所。寿圣寺是中牟目前唯一的全国重点文物保护单位,更是传统著名景点之一。每年慕名前来观光、游玩的百姓络绎不绝,其中最重要的场合是正月十六的"寿圣寺双塔庙会",四方商贾和众多百姓云集于此,交易活跃,影响远至尉氏和新郑,成为当地民俗文化的一个典型代表,也是具有代表性的历史文化名片之一。2014年寿圣寺双塔抢险维修加固工程竣工后,该塔已成为新兴热门旅游景点,吸引着国内外大量的游客,原有的庙会等活动也迅速得到恢复,对于促进当地的文物保护、文化旅游事业和民间商贸交流等均具有重要意义。

(6)双塔本体保存现状评估

①真实性

寿圣寺双塔在单体设计、建筑形制、结构、做法、材料等方面充分体现其建造时期的特征。将其特征和文献、石碑相对应,能够可靠地证实历史建筑的初建与现存状况的真实性。2015年对双塔本体进行了修缮,但修缮措施具有明显的可识别性,不会给参观者带来解读砖塔本体的干扰,未改变本体的真实性,仍保证了建筑材料的真实性。

寿圣寺双塔的相关文献记载表明,寿圣寺始建于唐代,兴于宋代。但记录内容有限,未进行考古调查的问题,对于文物历史内涵无法做出更加明确的判断,在历史真实性方面存在一定缺憾。

2004年重修寿圣寺时建造大雄宝殿等建筑,混凝土结构,外观破旧,建筑形制不合规制,与寿圣寺双塔历史环境风貌格格不入,给文物建筑历史氛围的真实性展示造成了极大误导,亟待考古调查来探明深藏于地下的寿圣寺已毁建筑基址,从而真正将整个寿圣寺的历史文化内涵全面而真实地展现在世人面前。

②完整性

寿圣寺双塔建筑基本完整保存至今。新中国成立以来,在文物保护界的努力下,双塔自然侵蚀得到了有效控制,人为破坏的部分得到完全恢复。斗拱、门窗、佛像等双塔保留的时代艺术特征与东西塔的不同尺寸、设计方法均保存完好。在长期合理的监测制度和文物管理制度下,保养和修缮达到了一定水平,整体外形来看完整性较好。

双塔岗远离村庄,四周皆为农耕地。虽然根据历史文献与石碑能够大致判断寿圣寺双塔自从唐代保持至今,但没有更多证据揭示双塔每一个历史时段的更多细节,无法还原双塔完整的历史序列,因此寿圣寺双塔的历史完整性存在缺失。

③整体保存现状描述（图5.49）

西塔墙体上纵向裂痕明显。由于无塔顶致使雨水向墙体下渗，东塔体底层向外膨胀，连角柱也从上往下形成大弧形，说明底层整体受到结构上的危害。根据现状勘察，寿圣寺双塔都出现了不同程度的倾斜，东塔倾斜0.48 m，西塔倾斜0.8 m，倾斜原因以及倾斜的发展趋势不明确，结构上的危险仍然存在。

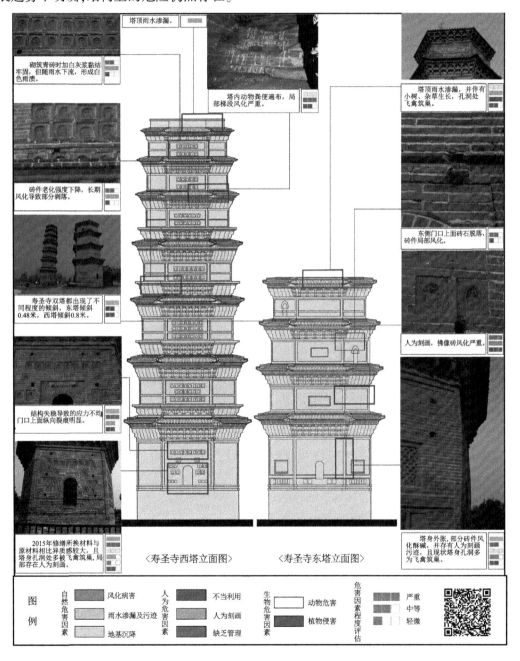

图5.49　寿圣寺双塔庙整体保存现状示意图

双塔常年露天原址保存,部分砖砌孔洞处多被飞禽筑巢,长此以往的动物干扰及粪便侵蚀,对文物多有污染。

现塔身局部表面风化剥落、人为刻画、污迹等问题较为凸显。另东塔塔顶存在小树及杂草生长的现象,植物根系的劈裂作用直接危及塔身结构的稳定性,不利文物安全。

④周边文化资源评估

寿圣寺双塔周边文物保护单位以土遗址居多,现场展示内容较少,可观赏性不强,其西侧紧邻航空港经济综合实验区,区域内的文化资源丰富,其中较近的全国重点文物保护单位苑陵故城遗址,已建成遗址公园并对公众开放,与寿圣寺双塔一起,增添了郑州市东南区域的文化底蕴,并促进地方社会、经济、文化的蓬勃发展。寿圣寺双塔所在区域整体发展空间条件良好。

(7)展示利用方案设计原则

①文物保护原则

真实性原则:保护文物本体及相关历史环境的真实性,按照"最低限度干预遗址本体"的原则,尽量保持遗址区域历史风貌,给人们真实的视觉和空间感受。

完整性原则:保护遗址整体格局的完整性,尊重遗址周边历史环境诸如地形地貌、植被等要素的自然状态及生态过程。

延续性原则:促进文物"活起来",使文化遗产真实、完整地长久保存下去,而且使其具有生命力,在不同时期继续发挥其价值。

②生态保护原则

遵循生态学原则,尽量保留和利用原有地形地貌、植被和野生动植物资源,使公园的生态性能与区域生态大环境和谐共存,形成可持续的生态景观。

植被配置应遵循适地种树的原则,优先采用本地原生植物,维护乡村自然生态系统,延续乡土景观风貌。

服务设施的设计应遵循生态、绿色原则,要对人工设施采取生态化的设计,避免破坏生态功能。

③区域协调原则

从区域文化资源整体发展着眼,充分发挥遗址生态文化公园的人文、自然特色,塑造具有特定人文内涵的生态休闲景点,构成区域游憩网络中的重要节点。

与地方规划相协调,充分考虑遗产周边区域的交通、基础设施条件,合理配置展示利用服务设施的规模。

④城乡融合原则

充分尊重遗产所在地的乡村背景环境,注重公园在社会、经济、环境等方面的功能,使公园成为高品质的城乡公共文化空间,成为区域文化休闲生活推广的载体,合理利用、继承地方民俗文化,避免盲目套用城市公园的模式而丧失乡村特色。

充分考虑乡村土地利用、农业生产等方面的因素,尽可能节约投资、易于维护,同时使遗址生态文化公园能够作为乡村旅游的补充,促进乡村经济发展,实现文化遗产惠民化。

(8)遗址生态文化公园规划设计策略

①阐释与展示的信息来源(图5.50)

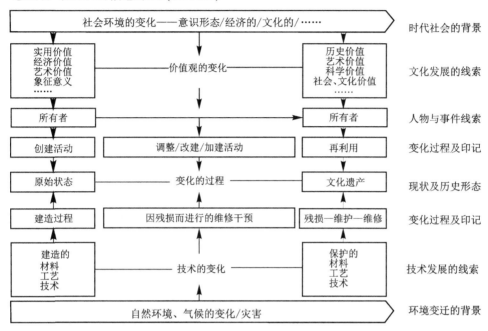

图5.50 寿圣寺双塔阐释展示信息的来源示意

②展示设计策略

从商品经济到服务经济再到体验经济的发展,体验设计逐步渗透到各行各业的展示中,体现出其越来越高的价值创造力和影响力。其中的很多理念、工作策略和技术方法已经在很多遗产阐释与展示的实践中被广泛探讨并付诸实践,并取得了良好的效果。

体验设计对遗产的阐释与展示有较大影响,能够激发人们与遗址文化产生连接的动机,促进积极参与、深层次感知和理解,促进遗址更好地保护和发展。体验式景观的营造,与传统展示方式的不同之处在于强调展示场景的可参与性。

寿圣寺双塔为宋代古建筑遗存,基于本体保护需求,游客不能登塔观览,使得寿圣寺双塔的建筑功能及内部空间展示较为困难,如何将遗址展示与场地环境有机结合,把握遗址历时性和共时性的特点,提高人在遗址环境中的参与感、代入感、趣味性以及彼此间互动需求,建立遗址文化与当代人之间的连接,是设计考虑的重点。

(9)遗址生态文化公园建设的目标定位

①公园定位:城郊型遗址生态文化公园

融合场地遗址保护、生态涵养、乡村发展的诸多诉求,以生态为路径,将文化展示与体验、休闲游憩、科教娱乐等功能合理安排,塑造具有特定人文内涵的生态型文化公园,为城乡居民及外来游客提供宜学、宜观、宜游的高品质文化空间和乡村自然景观环境,丰富近郊乡村旅游内容,塑造区域文化名片,提升景观品质,促进遗址文化延续和传承,实现遗产资源化、惠众化。

②建设目标:生态保护

与城乡生态建设战略相结合,与群众文化休闲空间拓展相结合,与区域旅游发展相衔接,通过建设遗址生态文化公园方式,促进遗产保护,助力城乡自然生态和人文生态格局的构建,促进遗址的活化利用,发挥文化遗产穿越时代的价值,促进城乡可持续发展。

(10)遗址生态文化公园展示的内容及主题

①变化过程及印记——寿圣寺双塔历史沿革

★建造伊始

有记载的关于寿圣寺及寿圣寺塔的建造年代及始建缘由。

★残损、维修情况

有记载的历代修缮、复建情况,不同历史时期关于遗址的描述及影像图片。

★遗址周边环境变化情况

有记载的内外寨墙的形成时间及缘由,遗址周边田园景观风貌。

②技术发展的线索——寿圣寺双塔建造技术

★文物本体的营造材料、工艺、技术

双塔翔实的勘察测绘资料及研究成果。

★双塔的建筑美学

可观瞻的建筑艺术细节,包括斗拱、塔檐、砖雕佛龛、假窗、券窗等。

③时代社会的背景——遗址周边现存宋塔的分布

★宋代塔的发展情况

宋代塔发展的历史背景及技术水平。

★河南省现存宋塔的分布情况

揭示寿圣寺双塔在地域空间上的特点。

④文化的发展线索——遗址的文化内涵

★塔的由来

塔的由来及本土化演变过程。

★不同时代塔的价值观的变化

唐宋以来塔的实用价值及象征意义的演变。

★遗址文化的传承和发展

　　寿圣寺双塔文化与地方民俗文化长期融合形成的非物质文化遗产——寿圣寺古庙会、寿圣寺双塔的传说等,以及随着寿圣寺民俗活动与当代生活结合形成的寿文化、农禅文化等。

（11）公园的功能分区、平面布局及展示系统规划图示

①功能分区

功能分区见图5.51。

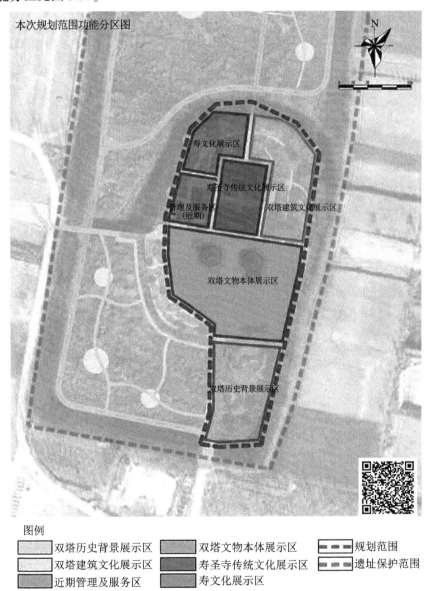

图例

双塔历史背景展示区	双塔文物本体展示区	▬▬▬ 规划范围
双塔建筑文化展示区	寿圣寺传统文化展示区	▬ ▬ ▬ 遗址保护范围
近期管理及服务区	寿文化展示区	

图 5.51　寿圣寺双塔遗址生态文化公园功能分区示意图

②平面布局

平面布局见图 5.52 和图 5.53。

图 5.52　寿圣寺双塔遗址生态文化公园总平面布局示意图(一)

③展示与阐释系统节点规划

展示与阐释系统节点规划见图 5.54。

双塔历史展示节点:位于园区南侧,为入口引导区,包含塔的由来、豫宋塔园两个主题,旨在揭示塔文化的由来、宋代寿圣寺双塔周边历史遗存分布情况及与寿圣寺塔的内在关联性。

双塔本体展示节点:以全国重点文物保护单位寿圣寺双塔文物本体为展示对象,塔前不做过多安排,尊重现状场地,留足开阔空间,营造远近皆宜的观览效果,充分展示双塔的文物内涵。

双塔历史文化室内展示节点:通过图片、多媒体、数字三维展示等手段,重点展示寿圣寺双塔建筑艺术及双塔历史变化情况、历次维修情况等,使游客对文物价值形成更深层次的认识并促进文物保护工作的开展。

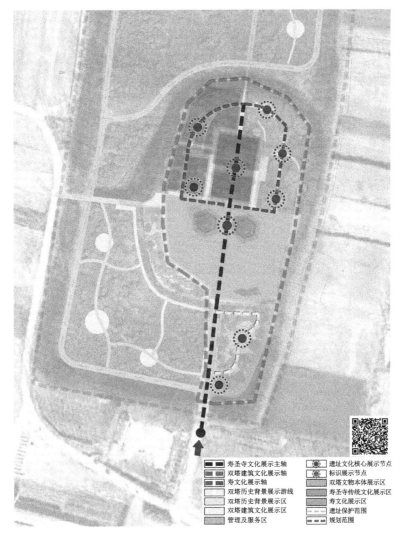

寿圣寺文化展示主轴		遗址文化核心展示节点	
双塔建筑文化展示轴		标识展示节点	
寿文化展示轴		双塔文物本体展示区	
双塔历史背景展示游线		寿圣寺传统文化展示区	
双塔历史背景展示区		寿文化展示区	
双塔建筑文化展示区		遗址保护范围	
管理及服务区		规划范围	

图 5.53　寿圣寺双塔遗址生态文化公园总平面布局示意图 (二)

图 5.54　寿圣寺双塔遗址生态文化公园入口节点展示效果图

古井展示节点：以考古勘探成果揭示的古井遗址为展示对象，选择具有代表性的两个进行展示，辅证寿圣寺历史真实性及生活场景。

双塔建造工艺展示节点：位于寿圣寺后院，由于寿圣寺双塔文物本体保护不允许游客登塔览胜，规划结合后院自然生态环境，将双塔具有时代特点的檐下斗拱及塔身佛龛以等比例放大的形式，近距离呈现给游客，融合科学性、艺术性与趣味性。

寿圣寺传统文化展示节点：延续寿圣寺传统文化活动，以寿圣寺地域文化、地理及人文环境、民俗文化为展示内容，以动态可持续的展示手段，分时段分主题进行展示。

寿文化展示节点：以寿圣寺寺名由来为线索，结合公园的定位，将寿圣寺的寿文化提炼作为主题，通过文字、图像、环境塑造的手法，以健康长寿为愿景进行景观组织和游览活动引导，将遗址文化精髓与现代健康生活相结合，贴近生活、融于生活、惠及民众，充分发挥遗址文化的当代价值。

（12）寿圣寺双塔遗址生态文化公园设计效果

寿圣寺双塔遗址生态文化公园设计效果见图5.55。

图5.55　寿圣寺双塔遗址生态文化公园设计整体效果鸟瞰图

5.6　中原建筑遗产传承与利用的社会共识营造

多数城市和地区的历史故事是碎片化的，历史遗迹是分散化的，历史空间是多元化的，中原亦不例外。因此，若想在科技日新月异的今天能够将中原地区悠久的历史文化气韵塑造并呈现出来，需要多方配合，共同努力。将中原地区内的所有文化元素进行空间和时间层面的梳理，以时间顺序为统领，将空间上形成点串联成线，打造文化路径。在文化路径密集分布区域结合片区公共空间城市设计策略进行优化整合，打造郑州、洛阳、开封、安阳、南阳、商丘、许昌等诸多中原城市群的历史文化街区名片，提升气韵指数。在这里可类比城市道路交通系统规划中一个常用的概念：城市道路线密度，单位为"km/km²"。如果我们可以将这个分子的计算统计口径更改为历史文化游线，如此一来就衍生出中原城市群"都市文化路径线密度"（density of urban culture path line）的概念，其内涵为单位城市地域空间面积内所包含的都市文化路径的长度。数值越大，就说明该区域的都市文化气

韵越浓厚,越有条件打造各城市片区的文化名片。而对于数值较低的地区,则要重点在
"点"上做文章,不断深入挖掘为数不多的文化遗产点的历史文化内涵,并采取合适的措
施萃取其文化内涵并物化于形,使其所彰显的历史文化气韵以"点"为中心不断向周边城
市空间扩散,最终耦合进人们的日常生活当中。

　　需要注意的是,在设计一条历史文化路径的时候,我们往往不仅仅需要空间上的串
联,还要有精神内涵的整合,以及历史故事线的梳理和空间载体的落位。设计好一条历史
路径,需要从空间、内容和技术三个方面着手。

　　空间上,这条历史路径需要符合人的行走体验,最好是可以通过徒步或者骑行能够到
达所有点位,观赏时间不宜过长,往往在半天到一天左右较为合适。路径最好是环状或者
一路到底,尽量不要出现分支。每个点位之间的路径不能过长,且连线路径上最好具有可
玩、观赏和休憩的空间,尽量避免在行走路径上过于乏味枯燥。如果有连续的城市面貌或
自然风光最佳。连接路径应做到行人友好,避免跨越过多的车道。可以采用连廊和行人
通道,让游客更好地到达各个景点。可以有直接观赏性的景点,但最好有可以进入并游览
的历史区域,增加参与感。

　　内容上,我们要为这条路径选取一段容易识别的主题。这个主题需要有故事线的连
续性和丰满度。故事和空间需要对应起来,既可以用城市和自然风貌来讲故事,也可以用
历史文物古迹和地方特色产品来讲故事,但故事之间需要有关联性。可以采取一定的策
略增加观众的参与度,如角色扮演、相关历史剧目、亲子培训的工作坊等,这样可以在一定
程度上让历史更有融入感。

　　技术上,历史路径往往也带来了城市更新。可以对游客中心、博物馆和一些标志性建
筑进行改造,作为锚点以吸引年轻人群。同时,历史文化路径可以选用具有历史故事的交
通工具载体。加入一些互动性装置有利于增强游客体验。科学技术可以被使用以帮助呈
现,比如增强现实、全息投影、数字导览等。

　　历史文化不是孤立的、抽象的概念,它必须依托于载体的各项建设,通过空间的变化
来培育和实现。建筑、桥梁、道路都是文化的载体。所以在进行城市规划和公共空间的城
市设计时,如果能用城市文化的"神"来彰显城市之"形",则能使城市之"形"全面折射出
中原地区城市历史文化的人文特质。在中原地区建筑遗产传承和再利用过程中,还需要
结合国土空间总体规划、历史文化名城保护规划、遗产保护专项规划等不同类型、不同层
级的规划手段,将"中原故事"的诠释复合于其城市建筑遗产的各个角落,并使其随着时
间的流逝与人们的日常融为一体,不断醇化,方可最终形成人人可以感知的、氤氲的遗产
历史环境。具体到操作层面,以下几个方面可供尝试:

　　(1)在总体规划编制之初,将中原地区各城市的典型都市文化元素融入其城市性质
的表述当中,从而找准其城市形象的文化定位,为后续具体各项规划编制的开展设定正
确、全面且适宜的文化方向,使未来的城市发展能够在规划实施周期内始终不断诠释其城
市的文化形象。

　　(2)梳理中原地区各城市所有类型文化资源的空间分布特征和条件,据此合理安排
其所辖各区各县的城市空间布局。无论是历史文化还是现代文明都是城市文化的有机组
成部分,它们都必须借助一定的空间展示自己的特色,即城市空间隐含着一个城市的文化

信息。比如城市街道,在组织城市景观轴线的同时,也在组织着城市居民的生活。因此,如何对城市各级街道空间进行设计,如何从城市整体对道路系统进行分级,如何为城市居民提供方便、安全、舒适的交通等;都需要同时考虑如何去反映城市文化的特色。

(3)在城市的详细规划阶段通过城市设计的介入,分析城市肌理,诠释城市文化。每一座城市都有其独特的历史,表现在空间上则呈现出种类繁多的城市肌理。中原地区多数城市的空间肌理都具有典型的平原地貌特征,道路平整、疏密有致,所分割的地块多数被各类型建筑和绿化所填充,域内山体、河流等自然地理要素相对较少,但由于地处交通枢纽,铁路对城市空间的分割较为明显。在中原地区城市空间中通过引入城市设计的不同分析方法,如空间句法、景观郁闭度等,可以对城市公共空间的视觉结构进行深入剖析,从而为合理地嵌入文化元素提供更为科学的可能。

(4)根据城市文化指导城市景观设计。中原地区各城市的公共空间景观风貌是彰显其城市性格和文化内涵的载体,城市公共空间的格局及其构成要素的外界面所彰显的设计格调、肌理色彩及象征意义等方面都是其城市文化的重要组成部分,它们无时无刻不在诉说着其所在城市饱经沧桑的历史故事和文化特色,是都市文化气韵的外显通道。在中原地区都市公共空间的景观营造设计过程中,要时刻秉持文化的弦,以城市文化作指导,进行城市景观的设计与创造,这样既能体现建筑的特色性、多样化与协调性,又能表达城市自身的内涵与精神。

总之,以河南为中心的中原地区有着悠久的历史,汇聚了深厚的历史文化底蕴,这为其各地区文化气韵的塑造奠定了良好的物质基础。但文化不是冰冷的物质实体,而是有温度的历史在空间上的沉积。这种温度通过城市物质形象的塑造而不断提升,最终需要融入人们的思想和日常生活中才能起到真正的滋养作用。以郑州为核心的中原大地只有充分传承好、展示好、发扬好和利用好自身的文化软实力,提升城市的特色文化感染力和知名度,打造特色城市的文化名片,才能向"中原更加出彩"的宏伟目标交出一份令世人满意的文化答卷。

6

总 结 与 展 望

古罗马建筑师维特鲁威在其著作《建筑十书》中提出"适用、坚固、美观"的建筑设计三原则,一直被当代建筑学奉为信条并笃定执行。在现代工业文明先进技术的加持下,我国的建筑业飞速发展,建造出不计其数的优秀建筑。虽然现代建筑设计过程中所考虑的事项之多远非古代可比,可现实却是社会各界时常发出一种声音,认为"千城一面"的现象愈发显得严重了,不同地域的风貌特色在以城市为代表的当代人类主要聚居地之间的差异越来越不明显,人们到哪儿感觉都一样。这种现象之所以会产生并逐渐固化,归根结底是文化的缺失。

中原乃至中国传统建筑在营造过程中除了也遵循"适用、坚固、美观"的三原则之外,还着意将当地的普适价值观、集体无意识也融入其中,所营之造代表着当地人对本土自然的崇敬之情。除高等级的宫室、庙宇外,绝大多数中原乃至中国传统建筑的营造过程并没有像当代建筑建造中所谓设计、施工、验收、使用等严格的环节划分,更没有某个特定的建筑设计师进行预先设计,整个设计与营造过程是浑然一体的,从相位、选材、立基开始,到主体结构的每个做法、每道工序,乃至于最终群体建筑的整体布局和单体建筑的样貌效果,均是匠人们"共议"和不同工种之间密切配合产生的结果,实可谓是一种"大众的创造",而非建筑师个人意志的体现。这就使当地的文化传统能够在建筑这一特殊的载体上得以全面的彰显,且因其富含传统韵味儿的文化符号能够被当地民众所认知并共情,自然也就更容易与人们的日常生活融为一体并以特定的形式固定下来,成为当地文化传承、传播的重要媒介。

由此不难理解,为何世界各地的古城总有一种特质能够令人心驰神往,而高楼大厦林立的现代化大都市却总让人感觉乏味无比。其中的主要原因就在于缺少了文化的滋润。人是有灵魂的物种,灵魂需要文化的滋养方能生机盎然。文化不可一蹴而就,它只有历经时间的沉淀和空间的呈现之后方能被人所感知。中原大地,人杰地灵,文化荟萃,千百年来,历朝历代的凡尘过往早已烟消云散,只剩其所留存于世的建筑还在不停地述说着历史,连同其自身以文化的姿态呈现于今人面前。正是得益于斯,才使得我们自身以及子孙后代的灵魂有了归处,心脉得以濡养。当代建筑中也不乏饱含文化韵味的经典之作,但大多数民用建筑往往在技术、工期和财力等诸多要素的限制下,无心于文化处多施寸功。

值得庆幸的是,中原大地上乃至中国各地的版图上还留存有一定数量的古代遗址和古代建筑,它们始终承载着各地的文化,为我们当今快节奏的建筑活动提供了一面可供反思和自省的镜子,令吾辈尚可"知来处,明去处",那就是要在以"适用、坚固、美观"为信条的基础上基于"功能、结构、形式"的目标体系进行当代建筑创作的过程中,应当且十分有必要将"文化"特别是"本土乃至本民族的优秀文化"纳入其中。如何来做?那就是要深入揣摩中原古人在营造过程中素以秉持的"天人合一""物我一体""小中见大""计里画方""三才之制"等哲学思想和整体性思维,在具体的创作过程中要注重"师法自然,崇尚自然",当能够做到"以形写意,借意传神,凝神为化,融化成文"之时,火候应该就差不多了!

中原文化博大精深,发轫深远,中原建筑遗产作为中原文化最直接、最典型的物质实体代表,有着说不完的故事,道不尽的哲理。本书以营造学、类型学、文化学等专业视角为抓手,试图钩沉中原地区的传统建筑在掌案、营造及使用、传承等全寿命周期内不同阶段的工艺、选材、造作之精华,将所想所获以系统论的方法加以总结,以求能够为当代建筑学的发展注入些许传统文化的精神动力。

奈何个中内容太过浩瀚驳杂,以至于本书已竭尽全力尚不能初窥中原传统建筑营造文化宝库之一隅,尚有太多问题亟待行业同仁去发现求索。中原建筑遗产研究一脉相承且生生不息的营造传统及技艺工法体系缘何在当代建筑行业中戛然而止抑或一蹶不振?传统的营造技艺是否有可能在新的技术体系下重焕生机?功能、结构、形式等当代建筑设计需考虑的基本要素如何将当地的文化传统和特色融入其中?……

文化自信始于知,终于信。历史是文化的源头活水,我们只有对中原建筑遗产的营造史有更深入的了解,方能感悟古人独运的匠心,了然其形背后之道,进而发自内心地对有着深厚底蕴的中原传统建筑文化产生敬畏之心、崇敬之情、传承之志。

参考文献

[1] 罗哲文. 罗哲文古建筑文集[M]. 北京：文物出版社，1998.

[2] 程泰宁. 面向未来,走自己的路——文化自信引领建筑创新[J]. 建筑实践，2022，42（10）：23-29.

[3] 程泰宁. 构建"形""意""理"合一的中国建筑哲学体系[J]. 探索与争鸣，2016（2）：16-18.

[4] 程泰宁. 文化自觉引领建筑创新[J]. 建筑设计管理，2015，32（2）：26-28.

[5] 郑州市文物志编辑委员会. 郑州市文物志[M]. 北京：中华书局，2013.

[6] 杨焕成. 杨焕成古建筑文集[M]. 北京：文物出版社，2009.

[7] 中国科学院自然科学史研究所. 中国古代建筑技术史[M]. 北京：科学出版社，1985.

[8] 刘先觉. 现代建筑理论：建筑结合人文科学自然科学与技术科学的新成就[M]. 北京：中国建筑工业出版社，2008.

[9] 傅熹年. 中国科学技术史-建筑卷[M]. 北京：科学出版社，2008.

[10] 刘大可. 中国古建筑瓦石营法[M]. 2版. 北京：中国建筑工业出版社，2015.

[11] 郑东军. 中原文化与河南地域建筑研究[D]. 天津大学，2009.

[12] 贾珺，王曦晨，黄晓，等. 河南古建筑地图[M]. 北京：清华大学出版社，2016.

[13] 左满常. 河南古建-上册[M]. 北京：中国建筑工业出版社，2015.

[14] 中国科学院自然科学史研究所. 中国古代建筑技术史[M]. 北京：中国建筑工业出版社，2016.

[15] 邹学德，刘炎. 河南古代建筑史[M]. 郑州：中州古籍出版社，2001.

[16] 杜启明. 中原建筑大典.古代建筑[M]. 郑州：河南科学技术出版社，2013.

[17] 汉宝德. 中国建筑文化讲座[M]. 北京：生活·读书·新知三联书店，2006.

[18] 建筑科学研究院建筑史编委会组织. 中国古代建筑史[M]. 北京：中国建筑工业出版社，1984.

[19] 别治明. 新郑凤台寺塔的营造传承及开放利用刍议[J]. 建筑与文化，2020（9）：242-244.

[20] 别治明，韦峰. 河南新郑卧佛寺塔病害勘察及针对性保护措施初探[J]. 古建园林技术，2015（4）：74-80.

[21] 别治明，马晓. 基于古代风水建筑文化的密县县衙监狱建筑布局及营造技艺研究[J]. 中国文化遗产，2019（3）：99-104.

[22] 别治明，王庆丽. 传播学视阈中的考古遗址公园展示策略研究[J]. 中国文化遗产，2015（3）：71-75.

[23] 左安安，别治明，韦峰. 河南新郑凤台寺塔病害勘察及保护维修设计[J]. 中外建筑，2019（10）：74-78.

［24］宋秀兰，别治明. 河南中牟寿圣寺双塔［J］. 文物，2012(9)：81-89.

［25］宋文佳，闫俊. 文物建筑保护利用的理念探索——以郑州市为例［J］. 遗产与保护研究，2018，3(10)：105-107.

［26］宋文佳，别治明. 体味"中"性——"有机"意匠在中国古典建筑中的反映［J］. 黄河. 黄土.黄种人，2018，(04)：41-44.

［27］付庆向. 中国传统建筑的秩序美［J］. 高等建筑教育，2008，17(4)：57-59.

附录:河南全国重点文物保护单位建筑遗产信息表

序号	文物单位名称	所在地市	时代
1	巩义石窟	郑州市	北魏
2	康百万庄园	郑州市	清
3	太室阙	郑州市	东汉
4	少室阙	郑州市	东汉
5	启母阙	郑州市	东汉
6	嵩岳寺塔	郑州市	北魏
7	净藏禅师塔	郑州市	唐
8	法王寺塔	郑州市	唐
9	永泰寺塔	郑州市	唐
10	初祖庵、少林寺塔林	郑州市	唐—清
11	会善寺	郑州市	元—清
12	中岳庙	郑州市	汉至清
13	观星台	郑州市	元
14	唐嵩阳观纪圣德感应之颂碑	郑州市	唐
15	崇唐观造像	郑州市	唐
16	刘碑寺碑	郑州市	南北朝
17	新郑轩辕庙	郑州市	明至清
18	郑州二七罢工纪念塔和纪念堂	郑州市	1971年、1952年
19	少林寺	郑州市	唐至清
20	千尺塔	郑州市	宋
21	寿圣寺双塔	郑州市	宋
22	凤台寺塔	郑州市	宋
23	清凉寺	郑州市	金至清
24	南岳庙	郑州市	明至清
25	郑州城隍庙(含文庙大成殿)	郑州市	明至清
26	登封城隍庙	郑州市	明至清
27	郑州清真寺	郑州市	清
28	密县县衙	郑州市	清

序号	文物单位名称	所在地市	时代
29	慈云寺石刻	郑州市	元至清
30	张祜庄园	郑州市	清至民国
31	刘镇华庄园	郑州市	民国
32	三祖庵塔	郑州市	金
33	登封玉溪宫	郑州市	明清
34	登封崇福宫	郑州市	清
35	佛顶尊胜陀罗尼经幢	郑州市	金
36	郑州第二砂轮厂旧址	郑州市	1964 年
37	天宁寺塔	安阳市	五代
38	灵泉寺石窟	安阳市	东魏—隋唐
39	修定寺塔	安阳市	唐代
40	小南海石窟	安阳市	北齐
41	岳飞庙	安阳市	明
42	明福寺塔	安阳市	宋
43	红旗渠	安阳市	1969 年
44	阳台寺双石塔	安阳市	唐
45	大兴寺塔	安阳市	宋
46	兴阳禅寺塔	安阳市	宋
47	韩王庙与昼锦堂	安阳市	元至清
48	高阁寺	安阳市	明至清
49	彰德府城隍庙	安阳市	明至清
50	林州惠明寺	安阳市	明至清
51	西蒋村马氏庄园	安阳市	清至民国
52	洪谷寺塔与千佛洞石窟	安阳市	南北朝至明
53	袁林	安阳市	1918 年
54	安阳永和桥	安阳市	北宋
55	大伾山摩崖大佛及石刻	鹤壁市	北魏—明
56	云梦山摩崖	鹤壁市	宋至民国
57	玄天洞石塔	鹤壁市	元至明
58	浚县古城墙及文治阁	鹤壁市	明
59	碧霞宫	鹤壁市	明至清

序号	文物单位名称	所在地市	时代
60	田迈造像	鹤壁市	南北朝
61	济渎庙	济源市	宋—清
62	奉仙观	济源市	金—清
63	大明寺	济源市	元—清
64	柴庄延庆寺塔	济源市	宋
65	阳台宫	济源市	明至清
66	五龙口古代水利设施	济源市	秦至清
67	轵城关帝庙	济源市	金、清
68	济源二仙庙	济源市	明清
69	天宁寺三圣塔	焦作市	金
70	嘉应观	焦作市	清
71	妙乐寺塔	焦作市	五代
72	慈胜寺	焦作市	五代至明
73	青天河摩崖	焦作市	南北朝至唐
74	沁阳北大寺	焦作市	明至清
75	千佛阁	焦作市	明至清
76	胜果寺塔	焦作市	宋
77	百家岩寺塔	焦作市	金
78	药王庙大殿	焦作市	元
79	显圣王庙	焦作市	元、清
80	寨卜昌村古建筑群	焦作市	明至清
81	青龙宫	焦作市	清
82	西关清真寺	焦作市	清
83	窄涧谷太平寺石窟	焦作市	南北朝至清
84	水南关清真寺阿文碑	焦作市	元
85	温县遇仙观	焦作市	明清
86	祐国寺塔	开封市	北宋
87	开封城墙	开封市	明清
88	山陕甘会馆	开封市	清
89	开封东大寺	开封市	清
90	河南留学欧美预备学校旧址	开封市	民国

序号	文物单位名称	所在地市	时代
91	刘青霞故居	开封市	清末民初
92	朱仙镇清真寺	开封市	清
93	尉氏兴国寺塔	开封市	宋至明
94	延庆观	开封市	元
95	繁塔	开封市	宋
96	朱仙镇岳飞庙(含关帝庙)	开封市	明至清
97	相国寺	开封市	清
98	天主教河南总修院旧址	开封市	1932 年
99	国共黄河归故谈判旧址	开封市	1946 年
100	杞县大云寺塔	开封市	明
101	龙亭大殿	开封市	清
102	兴隆庄火车站站舍旧址	开封市	1915 年
103	河南省博物馆旧址	开封市	1927 年
104	开封伞塔	开封市	1955 年
105	龙门石窟	洛阳市	北魏至唐
106	白马寺	洛阳市	汉
107	潞泽会馆	洛阳市	清
108	千唐志斋	洛阳市	西晋—民国
109	洛阳周公庙	洛阳市	明至清
110	关林	洛阳市	明至清
111	河南府文庙	洛阳市	明
112	祖师庙	洛阳市	明
113	洛阳山陕会馆	洛阳市	清
114	八路军洛阳办事处旧址	洛阳市	1938—1942 年
115	两程故里	洛阳市	宋至明
116	升仙太子碑	洛阳市	唐
117	辟雍碑	洛阳市	北魏
118	五花寺塔	洛阳市	宋
119	灵山寺	洛阳市	金至清
120	水泉石窟	洛阳市	南北朝
121	万佛山石窟	洛阳市	南北朝

序号	文物单位名称	所在地市	时代
122	大宋新修会圣宫铭碑	洛阳市	北宋
123	洛阳西工兵营	洛阳市	1914 年
124	洛阳涧西苏式建筑群	洛阳市	1954 年
125	偃师九龙庙	洛阳市	清
126	新安洞真观	洛阳市	清
127	宜阳福昌阁	洛阳市	清
128	偃师兴福寺大殿	洛阳市	清
129	小商桥	漯河市	宋
130	受禅碑及受禅台	漯河市	汉魏
131	彼岸寺碑	漯河市	宋
132	舞阳彼岸寺大殿	漯河市	元至清
133	山陕会馆	南阳市	清
134	南阳武侯祠	南阳市	元、清
135	内乡县衙	南阳市	清
136	南阳府衙	南阳市	清
137	淅川县荆紫关古建筑群	南阳市	明清
138	福胜寺塔	南阳市	明
139	鄂城寺	南阳市	宋至清
140	泗州寺塔	南阳市	宋至明
141	仓房香严寺	南阳市	明
142	镇平普提寺	南阳市	清
143	佛沟摩崖造像	南阳市	宋
144	丹霞寺塔林	南阳市	元至清
145	阳安寺大殿	南阳市	明
146	风穴寺及塔林	平顶山市	唐—清
147	三苏祠和墓	平顶山市	宋至清
148	郏县文庙	平顶山市	金至清
149	元次山碑	平顶山市	唐
150	法行寺塔	平顶山市	唐至宋
151	汝州文庙	平顶山市	清
152	叶县县衙	平顶山市	明至清

序号	文物单位名称	所在地市	时代
153	香山寺大悲观音大士塔及碑刻	平顶山市	宋至清
154	临沣寨	平顶山市	明至清
155	郏县山陕会馆	平顶山市	清
156	豫陕鄂前后方工作委员会旧址	平顶山市	1947年
157	龙泉澧河石桥	平顶山市	明
158	豫陕鄂军政大学旧址	平顶山市	1948年
159	冀鲁豫边区革命根据地旧址	濮阳市	1941—1946年
160	唐兀公碑	濮阳市	元
161	回銮碑	濮阳市	北宋
162	晋冀鲁豫野战军指挥部旧址	濮阳市	1947—1948年
163	宝轮寺塔	三门峡市	金
164	鸿庆寺石窟	三门峡市	北魏至唐
165	卢氏城隍庙	三门峡市	明
166	陕县安国寺	三门峡市	明至清
167	庙上村地坑窑院	三门峡市	清至民国
168	归德府城墙	商丘市	明清
169	阎庄圣寿寺塔	商丘市	宋
170	崇法寺塔	商丘市	宋
171	商丘淮海战役总前委旧址	商丘市	1948年
172	百泉	新乡市	商至清
173	比干庙	新乡市	北魏-清
174	白云寺	新乡市	明至清
175	望京楼	新乡市	明
176	西明寺造像碑	新乡市	南北朝
177	玲珑塔	新乡市	宋
178	广唐寺塔	新乡市	宋
179	天王寺善济塔	新乡市	元
180	香泉寺石窟	新乡市	南北朝至清
181	尊胜陀罗尼经幢	新乡市	唐
182	陀罗尼经幢	新乡市	五代
183	新乡文庙大观圣作之碑	新乡市	北宋

序号	文物单位名称	所在地市	时代
184	河朔图书馆旧址	新乡市	1935 年
185	延津大觉寺万寿塔	新乡市	明
186	原武城隍庙	新乡市	明清
187	鄂豫皖革命根据地旧址	信阳市	1931 年
188	红二十五军长征出发地	信阳市	1934 年
189	陈元光祖祠	信阳市	清
190	邓颖超祖居	信阳市	清
191	中国工农红军第二十五军司令部旧址	信阳市	1933 年
192	永济桥	信阳市	明至清
193	鸡公山近代建筑群	信阳市	1903—1949 年
194	中国工农红军第一军司令部旧址	信阳市	1930 年
195	鄂豫皖边特区苏维埃政府旧址	信阳市	1930 年
196	许昌文峰塔	许昌市	明
197	乾明寺塔	许昌市	宋
198	兴国寺塔	许昌市	宋
199	坡街关王庙大殿	许昌市	元
200	襄城文庙	许昌市	明
201	襄城城墙	许昌市	明
202	襄城乾明寺	许昌市	明至清
203	天宝宫	许昌市	明至清
204	许昌关帝庙	许昌市	清
205	禅静寺造像碑	许昌市	南北朝
206	禹州天宁万寿寺	许昌市	元至清
207	许昌文庙	许昌市	明清
208	怀邦会馆	许昌市	清
209	尹宙碑	许昌市	东汉
210	侯湾泰山庙	平顶山市	明清
211	花洲书院	南阳市	清
212	滑县县委县政府早期建筑	安阳市	1959 年
213	太昊陵庙	周口市	明
214	周口关帝庙	周口市	清

序号	文物单位名称	所在地市	时代
215	吕潭学校旧址	周口市	民国
216	商水寿圣寺塔	周口市	宋至明
217	太康文庙	周口市	清
218	高贤寿圣寺塔	周口市	明
219	邓城叶氏庄园	周口市	清
220	袁寨古民居	周口市	清
221	弦歌台	周口市	明清
222	大程书院	周口市	清
223	中共中央中原局旧址	驻马店市	近现代
224	悟颖塔	驻马店市	明
225	嵖岈山卫星人民公社旧址	驻马店市	1958—1983 年
226	宝严寺塔	驻马店市	宋
227	正阳石阙	驻马店市	东汉
228	秀公戒师和尚塔	驻马店市	金
229	汝宁石桥	驻马店市	明